U0818071

未来的圆满，靠自己成全

欧阳茜茜 著

江苏凤凰文艺出版社
JIANGSU PHOENIX LITERATURE AND ART PUBLISHING, LTD

图书在版编目（CIP）数据

未来的圆满，靠自己成全 / 欧阳茜茜著. — 南京：江苏凤凰文艺出版社，2018.7
ISBN 978-7-5594-2272-9

Ⅰ. ①未… Ⅱ. ①欧… Ⅲ. ①散文集－中国－当代
Ⅳ. ①I267

中国版本图书馆 CIP 数据核字(2018)第 123636 号

书　　名	未来的圆满，靠自己成全
著　　者	欧阳茜茜
责任编辑	曹　波　刘洲原
出版发行	江苏凤凰文艺出版社
出版社地址	南京市中央路 165 号，邮编：210009
出版社网址	http://www.jswenyi.com
印　　刷	南京台城印务有限责任公司
开　　本	880×1230 毫米 1/32
印　　张	7
字　　数	160 千字
版　　次	2018 年 7 月第 1 版　2018 年 7 月第 1 次印刷
标准书号	ISBN 978-7-5594-2272-9
定　　价	35.00 元

（江苏凤凰文艺版图书凡印刷、装订错误可随时向承印厂调换）

c o t e n t s 目录

序　女人只有自己成全自己 01

第一辑

每一天都活得热气腾腾

你节省不出“高配”的人生 /06
成功就是不断取悦自己的过程 /12
美好就是拥有感知幸福的能力 /18
见过世面的姑娘，都活成了想要的模样 /24
好姑娘光芒万丈 /30
随身包里那些提升品位的“小物件” /36

第二辑

做一个精致的姑娘

优雅是女人永不褪色的美 /42
让你的外表匹配你的心 /47
精致的姑娘一定会化妆 /52

承认了吧，你只是一个普通人 /58
不要低估长得好看的姑娘 /63
高跟鞋才是一个女人成长的标签 /69

第三辑
你的语言里藏有你的人生

微表情比文字语言更真实 /76
让你的语言配得上你的身份 /81
如何高品质地婉拒别人 /85
善意下的“恶言”同样伤人 /91
恰到好处的沉默也是一种语言 /97
高情商的女人会说话 /102

第四辑
做一个有底气的财女

姑娘你可以爱钱，但也要学会理财 /110
钱是一个女人的底气 /116
过得好的姑娘并不省钱 /122
越漂亮的女人活得越贵气 /127
优秀的女人会花钱，也会赚钱 /133
女人保持赚钱的能力 /139

第五辑

谈一场不着急的恋爱

爱情没有快慢，只有刚刚好 /146
爱情来了就不要害怕 /151
男人值不值得爱，看三点就知道 /156
女孩做这些事情为幸福加分 /162
你很好，但我也不差 /168
他们用这些方法熬过了异地恋 /173

第六辑

好运从来都眷顾有爱的女子

你只有修炼自己才配得上更好的生活 /182
你交往的好友，决定你的眼界 /187
人脉交情都是麻烦出来的 /193
优秀的姑娘从不因诋毁而消沉 /199
遇见陌生人，不要吝啬你的善意 /204
好姑娘从来不喜欢抱怨 /210

序
女人只有自己成全自己

前段时间“佛系文化”很流行，整个社会仿佛经历过喧嚣之后，一下子就进入了低欲望社会。

日本学者大前研一在《低欲望社会》中提出：“所谓低欲社会的概念是，无论物价如何变化，消费无法得到刺激，经济没有明显增长，年轻的购房者人数逐年下降，大部分年轻人对于买车、买房几乎没有兴趣，宅文化盛行，一日三餐从简。”

而对于当下部分年轻姑娘而言，她们不婚、不生、不买房，没有欲望、没有干劲、没有梦想，一切都越来越“佛”。

但这种低欲望的社会气象，一部分人是受现实条件所迫，主观上认为自己无法打破看似牢固的阶级壁垒，觉得自己无论如何都得不到想要的人生，于是干脆彻底放弃，被动进入低欲望状态。对于这部分人来说，低欲望不是没有欲望，而是对欲望求而不得的妥协和退让。

另一种则是真的低欲望，随着自我意识的觉醒，她们对物质和感情上的需求越来越少，而是把精力放在更高阶的自己，更想要的生活目标上。

事实上，我一直觉得姑娘对生活有欲望还是一件挺好的事情。我们每个人都有追求更好生活的权利。

但在低欲望的潮流中，大家都不遗余力地追捧着“佛系文化”，即便如此，我依然希望你能够真正了解自己的欲望，正视自己的欲望，而不是被社会环境裹挟着被动选择。

你是真的不想要，还是不敢要?

若是不想要，那就痛快放手；若是不敢要，就努力提升自己，然后拼尽全力去争取，才是正确对待欲望的方式。

不想结婚的，就选择单身，不勉强自己为满足别人的期待而进入婚姻，不需要去讨好别人。不被外界绑架，看清楚自己的欲望，并对自己的欲望负责。

无论你有怎样的欲望，对自己有怎样的定位和期待，当你遵从自己内心最真实的需求和感受，就能得到真正的笃定与心安。

你若享受拼搏职场的快感，就请在职场上畅快“厮杀”，不要为任何人放弃赚钱的能力。

有些人很不理解全职太太，觉得没有技术含量，就算过得好，也是靠老公。其实并非如此，君不见生活中多少全职太太，结婚没两年就开始变得没有方向和目标，要么将眼光局限在家长里短，要么成为名牌与金钱的奴隶。想要做一个好的甚至是成功的全职太太，需要修炼的非常多。

不管是尽心尽力地在外工作，还是安安静静在家料理家务，任何一件事情能做好，都很不容易。在我看来，任何一件事情都不能算是浪费。你以前或者现在经历的种种，在未来，都会以另一种形式回馈到你身上。

一辈子很短，最重要的是认识自己、接受自己，顺应自己的内心，做当下自己喜欢做的事情，并且保持快乐。

毕竟能成全自己的还是自己，你永远都是自己最大的贵人。靠自己的女人生活有底气，她们不会低三下四地问男人要钱。不必改变自己去讨好别人，因为她买得起自己想要的。

这个世界对女人来说，毕竟还是太苛刻了。

婚后选择在家当家庭主妇，男人不会承认你的付出，社会只会说你是婚姻里的“寄生虫”；把全部的精力用来追求事业，错过了最美的花嫁期，别人又说你是“剩女”；想活得精致一点，每天化妆穿漂亮衣服，又被认为是花瓶没有内涵；但若你整日素颜出门，又会被安上“邋遢”“中年妇女”的名号。

似乎女人无论走哪条路都很辛苦，无论做出什么选择都会伴随着异样的眼光。

以前的女人柔弱会有夫家的庇护，强势会有社会的宽容。但是现在的女人，总被整个世界看做攻击对象，你柔弱了所有人都会借着机会踩两脚。你受到伤害，舆论不是把你放在受保护的位置上，反而让你反思错在哪？

当你在职场上拼杀时，有人会在你背后对你的婚姻指指点点。若你婚姻成功，则又被挑事业如何不如意。若一个女人好不容易获得了婚姻和事业的平衡，则又被质疑是不是用非正常手段获得的。无论你是怎样在生活，总会被挑出二三毛病，加以攻击，这就是女人的人生。

但相对的，我们身边优秀的女人越来越多，她们有独立思想，有个性魅力，热衷自我实现，她们不在乎整个社会继续用传统眼光去审视自己，她们用尽全力努力成长起来，她们不需要男人的搀扶就能面对人生的起伏。

电影《霸王别姬》里，关师傅教戏的时候有句训示：“人，得自个儿成全自个儿。”

所以，作为女人她们知道无论走哪条路都很辛苦，所以听从内心，自己成全自己。

欧阳茜茜

2018 年 4 月 10 日

第一辑

每一天都活得热气腾腾

如果有一天，我们埋没在人潮中，庸碌一生，那是因为我们没有努力活得丰盛。

做一个热爱生活的人，在琐碎日常中提炼美好，从平淡普通的小日子里，创造出无限美好的诗意。用一颗热气腾腾的心，一双发现美的眼睛，一种精致的生活方式，把日子过得活色生香。

摄影：曾 泉

你节省不出“高配”的人生

我永远都很欣赏那些来和我提加薪的员工，但在那之前，首先请让自己变得值钱。

一个人，钱可以赚很多，但人生却只有一次。花值得的钱，别辜负自己。“高配”的人生从来不是节省出来的，活得通透的人才有机会获得。

办公室新来一位实习的姑娘小希，工作特别认真，待人也很谦和，在办公室里很快就获得了好人缘。一周过去了，大家发现这位姑娘中午从来不到楼下的餐厅吃饭，总是自己在家做好了带到公司来。

由于工作性质要求，我们办公室里并没有配备微波炉，小希每天吃的都是冷饭。有同事心疼她，说楼下餐厅午餐其实很便宜，十元的工作餐就已经荤素皆有了。

她总是拒绝，说现在天气暖和了，自己带的又是日式寿司、饭团之类的，冷吃也并没有什么大问题。

其实我们公司的实习生薪酬并不算低，大家都不理解她何必让自己“节省”成那样。

小希解释说，自己想存钱过上梦想中的“高配”生活，想有足够的钱买香奈儿衣服，背爱马仕的包，去巴黎旅游，住豪华别墅。

三个月后，小希很顺利地转正，夏天也转眼就到了。办公室里的姑娘们都爱美，于是几个人商量着在附近的健身房办张会员卡，下班的时候去游泳，既能减肥还能锻炼身体。

小希却拒绝了，她说减肥何必那么麻烦，还不如晚上节食来得快点，而且还省了钱。甚至她计划上下班就不再坐电梯，每天走步行梯，也能达到锻炼身体的目的，不必去花那份冤枉钱。

结果半年后公司体检，大家身体都很好，唯独小希因为过度节食得了胆结石。

小希不明白自己只是想省点钱过更好的生活，怎么就错了呢？她不知道，青春时期的好身体，才是她最值得炫耀的奢侈品。

不久前，我参加过一场高中同学的聚会，虽然毕业才不足十年，但已经有同学因病离开了人世；也有同学刚刚做到了上市公司的中层，却患上了抑郁症，不得不辞职休养。

前段时间，80后姑娘子怡因难忍高强度的外企工作，选择辞职回家乡，帮父母经营自家农庄。尽管收入远不能和之前相比，但子怡表示并不后悔自己的选择，“回家是追求另一种幸福感。”之前因工作强度大，她经常失眠，精神一度处于紧绷状态，稍有一点偏离计划轨道，就焦躁不安。她说那时候自己仿佛已经处于崩溃边缘，她不想让自己的身体年纪轻轻就垮下去。

于是她选择适可而止，毕竟，作为普通人，健康的身体才是一切“高配”生活的真正来源。

如今，加班已成常态，有些新媒体公司更是要求员工 24 小时微信在线，凌晨一点起床写新闻稿也是很普遍的。

但长期加班对一个人的健康影响很大，而上班族又没有充裕的时间去锻炼身体。更何况熬夜的辛苦，也让她们根本没有精力再去考虑自己的身体状况，于是当身体发出警告的时候，生命就亮起了红灯。

还有一些姑娘节省出锻炼的时间去多赚一份钱，然后买昂贵的化妆品，殊不知现实里的惨痛事实告诉大家，从健康里节省出来的时间或金钱，迟早要还的。而那些拥有“高配”人生的姑娘，在健康方面从不节省。

办公室里的钱宁和小希完全相反，她平时生活也很节俭，一起吃饭她基本都是选择一些便宜的，出门逛街也很少买名牌衣服，住处也是和朋友合租，但是她一个月的开销并不少，小希总是爱问她钱都花哪儿去了？

慢慢地，我们发现，她在工作上的表现越来越突出，写出来的文案也越来越优秀，开会的时候好创意更是接二连三地冒出来。同事都很佩服，纷纷询问她有什么经验。

后来我们才知道，她在业余时间里报名参加了某培训机构的进修班，每个月的学费就用去了近一半的工资；平时网上还有一些付费课程，只要她觉得有必要的，都会买来学习；一些名人讲座我们都嫌麻烦不愿去，她哪怕买票也会参加。

我们感慨她平时舍不得买衣服，在这些课程上倒是舍得。她笑着反驳："这些钱全都花费在了我身上，投资自己我怎会舍不得？"

事实的确如此，一位能够永远处于学习状态的姑娘，并且愿意为让自己站在更高处不断投资的姑娘，她的人生如何不充满进步和惊喜呢？

有的姑娘说，毕业后还学习干吗，找一份稳定的工作，结婚生孩子也是圆满的一生。但现实中，说这些话的姑娘里依然有很大一部分会抱怨生活太累社会不公，抱怨老公工资太低，抱怨自己明明长相出众却嫁得不如那些长相平凡的姑娘。

她们总是把自己现实中的不如意归咎于虚无缥缈的命运，羡慕那些站在高处的姑娘，想过上那样"高配"的生活，却从来不去思考，自己真的已经足够努力了吗？舍得为目标不断投资自己吗？

我们HR总监总是喜欢跟新员工反复强调一句话："我永远都很欣赏那些来和我提加薪的员工，但在那之前，首先请让自己变得值钱。"

有些姑娘毕业之后难免会被家里人安排相亲，在见过几个相亲对象后，总有姑娘会抱怨媒人给自己介绍的男生太差了，长相平凡，工作普通，和自己梦想中开着豪车，带自己到高级西餐厅吃饭，约会永远有惊喜的"王子"人设差得太远。可是，这些姑娘从来不去思考，自己距离"公主"还差得有多远。

所以，姑娘们，最该武装的是自己的头脑，最该提升的是自己的气质，最不能节省的就是投资自己，无论是投资健康还是投资智慧。

我从来不觉得成功和高学历有关，但也不否认更有见识的姑娘更易获得成功。

公司的 HR 总监是我们办公室里的传奇人物，作为一名 70 后，她出生的时候，老家宿迁还非常贫困。小时候她最大的梦想是嫁给学校小卖部家的儿子，因为那样就能够每天吃到心爱的小面包。

少年时候的她到了县里上中学，那时她已经逃离了那个偏僻而封闭的家乡，不再如一只井底之蛙一般对整个世界一无所知，她见识到了更大的天空，虽然那时候她依然想象不出那方天以外的世界会是什么样子。

贫穷限制的不仅是她的想象力，也是她的见识，她的整个未来。一个人若是没有足够多的见识，她的想象力就非常有限，她的未来就会被禁锢，她的贫穷也就无法摆脱。

于是中学毕业后的她不顾家人劝阻选择到千里之外的北京打工，她跳出了固有的圈子，真正见识到外面的世界，那时候她第一次知道原来世界是如此的多彩。

几年后，她一路跌跌撞撞走到上市公司 HR 总监的位置，她喜欢在开年会的时候总结自己的经历，她说若不是走了出来，也许她会和家乡里的姑娘们一样安居一隅，也许真的会嫁给小卖部家的儿子，也许会有另一种幸福生活，但一定不会如现在这般精彩。

也许是因为自己的亲身经历，她曾在网上发起过一个公益项目，名为“逃离被禁锢的想象”，她和众多公益参与者一起奔赴西藏，完成了六天五夜的高原行走，在这个过程中她遇到过许许多多和曾经的自己一样渴望外面世界却难以逃离现实的姑娘，她也帮助了许多这样的姑娘。

对她而言，旅行并不是去一个地方拍照留念然后发朋友圈炫耀，不是买几瓶香水回来后送人的交情，而是用心去体味不一样的风土人情，不一样的山水风景，不一样的心路历程。她选择旅行，不仅是放松心情，更是为了开拓眼界，获得更专注的思考。

所以，真正拥有“高配”人生的姑娘从来不会在旅行上节省。

也许你会反驳说，“世界那么大，有钱才能去看看”，仿佛没钱的人必须规规矩矩把自己锁死在固定的位置，决不能逃离一步。

事实上，不是贫穷限制了你去往远方的脚步，而是你停下来追寻远方，才陷入贫穷。

如果你平心静气地去看身边那些过着“高配”生活的姑娘，就会发现她们都有健康的身体和过人的情商。她们习惯用健身换来健康，能在旅行中看到更多的机会，能在学习中发现成功的趋势和方向。她们所有的光鲜人生，都不是偶然的。

一个人，钱可以赚很多，但人生却只有一次。花值得的钱，别辜负自己。“高配”的人生从来不是节省出来的，活得通透的人才有机会获得。

成功就是不断取悦自己的过程

倘若你现在 30 岁了，对自己未来的生活还是一无所知，找不到自己的兴趣和梦想，试图将前半生的沉闷复制到后半生，那么，现实对你是残酷的。

人生是个取悦自己的过程，别浪费了岁月换来庸碌的一生。对于年轻的姑娘来说，最好的方法就是修炼己身，丰富自己，让自己获得这个世界的话语权，才更能成全自己。

表妹在朋友圈发了这样一条状态："我就是自卑，最怕麻烦别人，喜欢独来独往，讨厌一切聚会。"

我打电话问她发生了什么事情，她在那边哀叹自己毕业几年过得实在是差劲。原来前段时间她们单位和楼下一家公司合力举办了一场联谊会，旨在解决办公室里的"剩男剩女"问题。

表妹平时一直觉得自己很优秀，领导交代的工作她也能很好地完成，可是联谊的时候，面对心动的男生，她只能干巴巴的和对方聊一些“姓名、年龄、工作、爱好”这样无趣的话题，一场聚会下来，搞得自己像是在面试别人，而心动的人已经和另一位姑娘交换了微信，商量着周末一起去爬山。

表妹越说越激动，最后竟哭了起来。我在电话这边吓住了，表示自己会给她留意身边单身的男孩子，介绍优质的男生给她认识。

表妹说：“我不是哭这个，我难过的是自己已经 26 岁了，却还没谈过恋爱，不会和陌生人聊天，永远是聚会的边缘人物，这根本不是我想要的人生啊。”

的确，上学的时候你还可以理直气壮地沉闷，可以逃避一切不以学习为主题的活动，可以过着两点一线的校园生活。可是，年龄越大，你越是接受不了自己一成不变的生活。

倘若你现在 30 岁了，对自己未来的生活还是一无所知，找不到自己的兴趣和梦想，试图将前半生的沉闷复制到后半生，那么，现实对你是残酷的。

所以，年轻的姑娘们，趁着青春丰富自己的阅历，修炼自己，实现自身增值才是正经事。

所有的自我修炼都是一场由内而外的提升，容貌是能给自己带来强大自信的第一利器。

一位知名化妆博主曾说：“当我化了妆的时候，我就已经不是自己了，而是行走的人民币，那时候整个世界都会给我让路。”

朋友张枫是一名模特，为了管理身材，她的早餐只有半个火龙果和一小碗的蔬菜沙拉；午餐是一块水煮牛肉和两碗烫青菜；晚餐是一盒酸奶。她有半年的时间没有吃过主食，除此之外，她还坚持大量的运动。

张枫对自己狠是我们朋友圈众所周知的。为了瘦腿，她每天坚持贴墙壁站立半小时；为了保持腰腹的紧致，每天做三百下的卷腹。这样近乎残忍的自律，维持着她引以为傲的好身材。

也有人对张枫说："何必呢，你这样错过了人生中的多少美好呀。"但其实对于张枫而言，最大的美好就是自己永不停歇地追求自身的美好。

美是姑娘们一辈子的追求，但现实中又有几个能忍住食物的诱惑，管住自己的欲望呢？相反，那些坚持健身的姑娘已经初见成效，她们越来越年轻，气场越来越强大。在这个过程里，她们不仅收获了美好的外表，还包括内心的自信和成熟。

经常有二十多岁的小姑娘向我抱怨，她们说工作实在太辛苦了，每天都要面对新的挑战。她们说羡慕别的姑娘有一份轻松又稳定的工作，简直是混吃养老的好地方。

我说，也许那些人也在羡慕你呢。毕竟在那些轻松和稳定背后，隐藏的是对机械性重复工作的厌倦，对未来的焦虑，还有对一眼看到余生的绝望。甚至对于她们而言，能勇敢面对新的挑战反而是一种奢侈。

我曾在聚会的时候见到那样一位姑娘，在国企上班，工作快 5 年了，除了称呼从小刘变成刘姐之外，依然是一名小职员。

她曾经带过的实习生都已经辞职创业在当地小有名气了，而她依然每天被领导呼来喝去地干些杂事，工作的确很简单，可是却没有一项能引人注目的事迹。这种生活看似轻松，其实背后都是焦虑和挣扎。

最近几年随着年龄的增长，曾经一起在外打拼的同学最终选择回去结婚生子，过上每天在网上发宠物照片、养花带孩子的小日子，俨然一副岁月静好现世安稳的样子。

再看看自己，整日坐在电脑前忙得分身乏术，还经常被文章的点击量搞得焦头烂额、寝食难安。

偶尔也会羡慕她们，逃离了忙碌的战场，不紧不慢地回归了生活本身。但如果真的让自己再一次选择，恐怕也并不会有什么改变。毕竟二十多岁的时候，正是需要经历一些别样的生活。

成长的确很痛苦，但唯有如此，才能体会到成长之后的满足，才能收获持久的幸福，才能让将来的每一天都充满了未知的精彩。我不想人到中年之后，才知道年轻时的不努力是一种过错。

有许多姑娘在爱情中极度缺乏安全感。她们每天用“你爱不爱我”来证明自己的魅力，恨不得一天 24 小时把自己捆绑在另一半身边，把自己的喜怒哀乐全部交到一个男人身上。

她们不知道，女人要的安全感只能自己给。

我欣赏的一位姑娘，刚结婚不到半年，老公就被调到国外工作。也许别的姑娘遇到这种事情，就该焦虑自己的婚姻能不能稳定，焦虑自己该怎么面对一个人的生活。但她没有，在老公出国的那两年，她读了 MBA，不仅把自己从焦灼的婚后生活里解救出来，还顺带跳槽到了更好的公司。

两人虽然结婚了，她依然有自己的闺密圈，保持着婚前的健身习惯，会定期约朋友聚会，每周有两天的时间专门上一些兴趣培训课。

她说，获得一份持久爱情的方法就是永远让自己成为更值得被爱的人，不在爱情里迷失自我，也有去守护爱情的底气。

知乎上曾有个帖子说“假如给你 100 万，你会不会放弃现在的爱情？”

提出这个问题的是一位姑娘，她说自己出生在一个平凡的家庭，母亲是一名家庭主妇，父亲是一名出租车司机，一年前偶然的机会遇见了自己的男友。男友家里很有钱，在当地有一家自己的工厂，眼看着两人就要结婚了，可是男友家人并不同意两人的这段恋情，此时自己的父亲也因为经常日夜颠倒、作息不规律患上了肝癌，给父亲治病几乎花光了家里的存款。

前段时间男友的妈妈找到了自己，表示可以给她 100 万，但前提是要自己和男友分手，并且保证再不联系。姑娘说她从没想过这样狗血的剧情竟然发生在了自己的现实生活里，父亲治病需要钱，可是这段感情自己也不愿放弃，于是询问网友该怎么办？

网友们议论纷纷，有人说“感情是相互的，要坚持两人之间这份爱情”，不少人在下面反驳“爱情可以有王子与灰姑娘的浪漫，但婚姻还是要门当户对，所以拿钱分手吧”，事件吸引了越来越多网友的关注，甚至有人开始怀疑这个故事的真实性。

在各种各样的评价里，我看到有网友这样说：“你们看到的是真爱，是婚姻的门当户对，是婆媳关系的难处，但我看到的是钱的重要性。贫穷是你们想象不到的绝望，假如我是这个姑娘，我一定会为自己的无能为力感到自责。”

虽然大家都说钱买不来爱情，买不来孝心，但如果你有足够多的钱，就不会在面对父母的需求时无能为力，就可以理直气壮地面对自己的爱情。

所以，姑娘们，我希望你可以趁着年轻的时候修炼自己，在未来不会因为贫穷而委屈自己，因为贫穷而悔恨。

当你买得起自己想要的，当你有底气对亲人说“别怕有我”，有底气对心动的男生说“口红、香水、包包我都可以自己买，你给爱情就好”时，当你有底气对这个世界说“不”时，你才真的可以开始享受这个世界的美好。

人生是个取悦自己的过程，别浪费了岁月换来庸碌的一生。尤其对于年轻的姑娘来说，最好的方法就是修炼已身，丰富自己，让自己获得这个世界的话语权，才能更好地成全自己。

美好就是拥有感知幸福的能力

生活总会遇到高潮与低谷，有繁花盛放就有枯枝残叶。但美好的姑娘一定有办法让自己一直保持最好的状态，于生活琐碎中感知到幸福，把“一地鸡毛”过成属于自己的小江山。

前几天办公室里的王旭拜托同事给他找个女朋友，于是大家问他：“你喜欢什么样的女孩子呀？”

我们以为他会心照不宣说出“婚介市场”上最常见的答案，比如喜欢温柔的、甜美的或者善解人意的。

结果他脱口而出说：“我喜欢美的！”

大概见身边同事都为他这个肤浅的回答沉默了，于是又费心解释了一遍说：“女朋友一定要找个好看的，不必如明星一般让人惊艳，也不必有一张辨识度低的网红脸，只要能给人美好的感觉，就一定是有情趣的、温柔的、善解人意的。”

其实我的想法和王旭如出一辙，我始终都认为看起来美的姑娘，往往是自动包含上面各项美好要素的。即使她们没有倾城倾国的容貌，但始终会努力让自己变得更好看。

她们的生活会十分讲求仪式感，无论是品茶养花，还是仗剑天涯。她们始终都在努力往更好的方向发展。再忙再累，她们也会记得保养皮肤，出门会化妆。她们会在空闲的时候读很多书，走很多路，看很多风景，遇见很多人。会用最饱满的热情对待生活，她们希望并且也相信，通过努力可以把生活过得热气腾腾。

试想，一个对待自己的外表和生活都精心的姑娘，和一个对外表和生活都潦草凑活的姑娘，必然是前者会让你感受到美好。

我们想象中的生活都会很美，就像是彩色城堡上开满了蔷薇花。但现实生活中，总是少不了各式各样的烦恼。

周末突如其来的加班，职场复杂的人际关系，亲朋好友的人际往来，还有工作上遇到的各种难题，和男朋友的情感纠葛。生活总会遇到高潮与低谷，有繁花盛放就有枯枝残叶。但美好的姑娘一定有办法让自己一直保持最好的状态，于生活琐碎中感知到幸福，把“一地鸡毛”过成属于自己的小江山。

我在工作中曾遇到过一位戾气很重的姑娘章秋，休息之余她曾问我：“你能买得起任何自己想要的东西吗？”

我说：“能。”

她说：“你真有钱。”

我说：“并不是我有钱，而是我懂得买不起的东西我不要。每个人生活中总会经历不一样的风景，我不去羡慕别人的风景里有巍峨高山，只守着自己的江南小景就是幸福的。”

谁知她反驳我：“你竟然毫无梦想，而且人的天性里都有一种贪欲，你现在守着自己这样平淡的生活当幸福，殊不知等以后经历多了，会不会后悔没去爬爬巍峨高山，见识一下真正的幸福。”

我想了想说：“我一直觉得真实的幸福是很实在的，比如去年我新种下的牡丹昨日结了花苞，今天想出门游玩恰好就是晴天，身边有一起吃饭唱歌的好友，这些虽然都是微小的事情，却构成我实实在在的生活，惬意而温馨。”

然后她问我：“难道真正的幸福不应该是一身名牌，出入有车，身居豪宅，在职场所向披靡，生活无往不利，不为金钱困扰吗？”

我想告诉她的是，生活中有几个姑娘能过上那样的生活呢？那些只出现在缥缈的偶像剧里。生活中真正幸福的姑娘真的不必最有钱，职位最高，长相最美，她们只是懂得怎样在平凡的生活中发现小情趣，了解怎样在人生的逆境中守住初心。

我的朋友小薇就是这样一位真正能感知到幸福的美好姑娘，并不是她的生活永远一帆风顺，而是因为她懂得用各种方法，让心情永远保持美好，不让坏情绪影响自己的行为。

小薇不开心的时候很喜欢大刀阔斧地整理房间，该收的收，该洗的洗，该丢的丢，在这个过程中，她的坏情绪也跟着一起被整理干净。

她在市郊买了一套带小院的房子，小院外扎了一道木篱笆，后院空地上被收拾干净后划分区域种了各种鲜花蔬果等，她还在院内养了一只猫和一只狗，我们常常调侃她过上了“篱笆女人和狗”的惬意生活。

她说自己很享受养育这些植物和动物的时光。每天回家打开门的那一瞬间，两只软绵绵热乎乎的小团子冲过来，用各种撒娇的方式缠着自己。它们虽然不会说话，但只要摸着它们软乎乎的毛，感受着它们对自己全部的信任，心瞬间就被治愈了，那时候她觉得何必为了不相干的事情影响自己。若是阳光晴好的时候，她也会去后院给那些蔬果松松土、捉捉虫，时光就在这样的慢动作里悄悄溜走。

我把小薇的事情告诉章秋，结果她很不屑地说："她一定家境不错，毕竟那样的生活并不是人人可得的，毕竟现在的人们习惯了加班、熬夜，周旋在各种人情往来里，有些人身上还背负着房贷、车贷，每个月还需要大笔的育儿费等，怎么可能那样悠闲的生活。"

但其实并不是，据我所知小薇出生在当地县城一户很普通的家庭，妈妈在家政公司上班，爸爸开出租，日子很平淡。而且小薇也并不是章秋以为的每天只需要喝咖啡、逛街的姑娘，她除了在报社写专栏之外，还在网上开了一家文案工作室，接一些商业广告之类的工作，偶尔也会通宵熬夜只为了写一份稿件。但她就是能把这平凡的生活变得多姿多彩起来，这大概源自小薇身上那份难得的与自己独处和感知生活美好的能力。

亦舒说："我们不快乐的原因，是不知如何心平气和地跟自己相处。"所以学会独处，就是我们送自己最好的礼物。利用独处的时间和自己对话，就是感知幸福最好的时机。

小薇很喜欢买各种颜色的口红，她认为口红是抹在生活里的亮色。若是遇见一些糟心的事情，只要抹上鲜亮的口红，就好似给自己披上了一层铠甲，让自己有了重新与这个世界搏斗的勇气。小薇常说一个女人若抹了口红走路都会情不自禁地仰起头。

而且一个姑娘抹了口红也是尊重生活、取悦自己的方式。没有人有义务通过你邋遢的外表去认识你优秀的灵魂。以美好的姿态去面对生活，过有仪式感的人生才是幸福的源头。

生活中你一定有这样的经历，计划今天完成的工作，在脑海中下定无数次决心，可是到下班的时候，该做的事情没做几样，那些无关紧要的却是做了不少，比如刷微博，逛朋友圈等。

但若总是这样，计划难以完成就像是在等楼上那只迟迟不掉的靴子，心总是被高高吊起晃得你难受。

小薇说："每个人必须把所有的事情在规定的时间内完成，才不会一整天都在混乱中度过。"所以她会在前一天晚上梳理自己第二天要做的事情，然后用笔记下来。这样做不仅可以防止忘记，也会一整天都很有条理。而且把待办的事情一件件从计划表上抹除，幸福感也就自心底悄然而生。每个人都有惰性，也都有被生活折磨的提不起精神的时候，她也有，但她不会将这个作为借口，从而放松对自己的要求。

美好的姑娘不仅会独处，更会与别人相处。一个人如果能很好地维护自己的社交网络，与身边的人保持和谐且亲密的来往，会比孤僻的人幸福许多。

所以定期参加一些聚会，和朋友见面聊聊天。虽然大家过着不一样的生活，但在聊天中会经历多一种人生。若在人生的精彩处发生了思想的碰撞，情感的交流，幸福感也会越来越强。

最后美好的姑娘一定能守住初心，永远不会对自己的未来感到绝望，因为她当下的每一个决定都可以决定未来生活的模样，努力就会有希望。她要向着光亮的方向不断前进，只要不放弃，最终一定会活成最想要的样子。生活若是一副牌面，怎样把平淡的牌打得舒服就看好姑娘感知幸福的能力。

这样看来，外表好看的姑娘，内心藏着的是一颗永远能感知幸福的心。她们不仅懂得如何让自己变得更美好，也懂得如何在平淡的生活里感知到美好。

跟她们在一起相处久了，我们也会不自觉的开始对生活充满期待，变得美好。如果说，一个人的气质里藏着你走过的路，读过的书，爱过的人，那么，一个人好看的外表下就藏着她对生活的热爱和对幸福的感知力。

希望我们都能变成那个长得美的姑娘，对生活拥有感知幸福的能力。

见过世面的姑娘，都活成了想要的模样

因为看到的世界就那么大，于是不知道更远方的世界是什么样子的，也不知道，生活其实还有无数种可能，心有大海的人，怎么可能安居在一处小池塘里。

不少姑娘都有过类似感受：工作两三年以后，每天都在做着同样的事情，日复一日重复着相同的生活。每天按时上下班，周末闲在家里，偶尔和朋友聚会喝杯咖啡，然后回家逛会儿淘宝，或是玩一会儿游戏，最后睡觉，然后新的一周再重复着上一周的生活，无尽循环。

也许某一天，你有冲动想要换一种生活方式，身边的人又会用各种性别和年龄的标签来禁锢你："都快三十的人了，该结婚稳定下来了，还瞎折腾什么"，"小姑娘不用学那么多，反正最后结了婚也用不上"。于是，你就心安理得地过着日复一日平庸的生活。

三十岁以后，你发现自己已无法摆脱这样的生活方式。家庭、婚姻、孩子就像一个个枷锁把你禁锢住，你再也逃脱不开。究其原因，还是你见识的太少了。

我有一个同事，每天快下班的时候，就开始感叹，“好无聊，下班去做什么呢？”看到别人有去游泳的，有学插花的，还有晒烘焙的，她就会来一句：“学那些有什么用？”

另一位同事业余时间参加了一家培训机构的专业课程，她就在背后奚落：“咱们的工作又不需要懂那些专业技能，花那么多钱去读书，真是钱多没处花。”

后来那位同事参加考试拿到了证书后，辞去了有编制的国企工作出国进修去了。她就吐槽说：“这就是读书读傻了，国企多好啊，轻松又稳定。等她再回国还不一定能不能有这样的机会再回原来的岗位呢。”

三年后，那位同事再回国转身就进了一家世界五百强公司当高管，工资是她的十几倍。

我曾在一家培训机构网站上见到这样一句话：“如果你的身边都是这样的声音：‘女孩子那么努力干嘛，最后还不是要嫁人？读那么多书有什么用，也没见你多赚钱；花那么多钱报一大堆培训课程，折腾那么多干吗？’说明你的朋友圈层次还比较低，你需要继续往上走一走，因为这些低层次的朋友圈会拖垮你的人生。”

像我同事这样的人，因为看到的世界就那么大，于是不知道更远方的世界是什么样子的，也不知道，生活其实还有无数种可能，心有大海的人，怎么可能安居在一处小池塘里。

你以为的无用、浪费金钱，其实是因为你没见过世面、层次低。

我的高中同学张雅，因为长相好、家境好、学习好，一直是学校里的风云人物。久之性格里也带了一些孤傲，毕业后她直接去了英国留学。有一年她回国，我们同学聚会，不少人都猜她一定不会参加，或者即便来了也一定是难以接近的，没想到她不仅来了，而且表现得很温柔谦和。

我们惊叹她的变化之大，却听她说，上学时候她以为自己很优秀，可是到了英国才发现比自己优秀的人太多了，越接触外面的世界，越觉得自己特渺小。

有一次，她去参加英国同学举办的聚会，所有人都展示着自己学习之外的才华，只有她沉默地站在一边。后来玩游戏的时候主持人抽到了她，她甚至没听明白游戏规则，在周围同学一番解释下，她才知道是让自己展示一下中国传统文化。那一刻她无比尴尬，因为自己除了学习之外竟然没有其他拿得出手的才能。

当你没有见过最好的，你就常常误以为自己目前所拥有的就是最好的，从而将自己禁锢在小小的世界里，而忘记了世界之大。换句话说，见识少的人，很难感受到外面世界的精彩。

当你越见过世面，接触到层次越高的人，你就越想要努力，因为那时候你只会觉得自己懂得太少，而不是觉得学那些都没用。

我从大学毕业到现在已经 5 年了，我们宿舍 6 个人，每个人都在这 5 年里换过工作，其中有四位已经换了三份。她们每换一份工作都是对自我能力的一次挑战。

我的同学都是所谓的 90 后，正处在二十多岁的尾巴上，然而她们都义无反顾地选择到一个陌生的城市，开始一份陌生的事业。那些所谓的“女人三十岁步入初老状态”的论点对她们而言是无效的。

去年我宿舍里的一位姑娘辞职去法国读研究生，她喜欢在网上晒自己在法国的生活、学习、考试，她说课程多得不可思议，但每天都那么鲜活。

她说以前自己总想着毕业后进省电视台，然后拼搏几年再跳槽到央视，等进了央视以后，自己的人生就圆满了。可是那时候的自己太浅薄，不知道外面的世界那么大，自己才看了一个角落。一不留神自己的未来就要被生活这个大磨盘磨碎在电视台那按部就班的工作里。

她说：“我还是想知道自己的能力极限究竟在哪。”于是她选择飞出去看看远方和更广阔的舞台。

其实，我们身边许多姑娘都渴望逃出自己当前波澜不惊的生活，去寻找诗与远方。这并不仅仅是局限于出国留学，出国工作，还包括了更广范围内的看一看。

比如我那个去法国读书的同学，在做了 4 年媒体人之后，辞去省台安稳工作，一心扎进法国古典文学研究中，4 年媒体人经历只让她越来越看清楚，什么才是自己真正感兴趣的东西，及时调整方向，义无反顾地前行。

比如那位在深圳工作了好几年的姑娘，突然想过“采菊东篱下，悠然见南山”的生活，于是调转方向，回到四川老家买了一块地，造了一座带花园的房子。在小院里种各种蔬菜苗，过上了心心念念的世外桃源的生活。

也有人冷嘲热讽：“你们终究太年轻，好好的大机构不待，等老了肯定会后悔的。”

但事实上，那些选择去过自己想要的生活，去看过“远方”的姑娘，从来没有后悔过。她们的见识让自己能讲究，也能将就；能享受最好的，也能承受最坏的。见过世面的她们在人群中散发出不一样的气质，温和却有力量，谦卑却有内涵。

我大学一个关系很亲密的朋友，当年是人人艳羡的班花，毕业后直接回家结婚生子了。年前我见她的时候，她已经是两个孩子的妈妈。

寒暄之后她和我抱怨，说婚姻的生活没自己想象中那么美好，自己和老公之间几乎没有感情了，整个婚姻全靠两个孩子维持着。她说自己厌倦了家庭主妇的生活，想找份工作，但不知道自己还能做什么。

我安慰她说：“你以前成绩那么好，不论做什么，慢慢来总会成功的。”

她思考了一番后，却又感慨不论是工作还是创业都太麻烦了，还是安安分分做家庭主妇吧。虽然自己和老公之间的感情淡了，但还有责任在维持着家庭。经济条件在周围邻居中算是好的，而且小区里好几家过得都不如自己，甚至有好几家夫妻天天吵架，老公出去赌博之类。和她们比起来，自己的生活也挺幸福的。

不知道为什么，我有点儿心疼她，毕竟当初她条件那么好，本可以过得更独立潇洒自由，现在却被家庭、孩子拖着，有可能这一生都看不到更优秀的自己是什么样。

生活中有太多容易自我满足的人了，她们一边抱怨生活，一边安慰自己。不善于向上看，却热衷于和下比。她们对自己现状之所以满意甚至有点小得意，只因为她们的周围都是平庸之辈。

越是低层次的人越容易自我满足，也越容易放弃成就更好的自己。

相反，越是层次高的人越容易更加上进，因为她们体会过美好，会努力去留住美好。

以前知乎上有个问题特别火："为什么越有钱的人越努力？"

因为他们到了一定层次后，钱已经不再是最重要的，他们追求的反而是自我价值的提升。

所以，这就是我为什么希望你能出去看一看这个精彩的世界。真正见过世面的姑娘，见过天地之美，见过众生之苦，最后才能活成自己想要的模样。

好姑娘光芒万丈

人生是一场马拉松，起跑的那一瞬间道路是非常拥挤的，但跑完 1/4 以后，选手们的距离就拉开了。我们要攀比的也不是目光所及的身边同辈，而是过去的自己。

那些姑娘之所以光芒万丈，绝对是有一种坚持下去的力量，她们背后的努力与积累一定数倍于普通人。

单位聚餐结束的时候，喝了酒的清桐靠在我身上和我说，她一直很嫉妒自己项目组的燕子，因为她实在太优秀了，不仅长相好、学历高，还有一个贴心的学霸男友。刚入职场家人就给她在这座城市买了房子、车子。她仿佛一出生就站在了自己这辈子都难以到达的高度。每次看到她，自己就控制不住的自卑。

清桐问我："为什么同样的年纪，同样的学历，别人已经存款百万，而我却一无所有呢？”

我说，2013 年我刚入职场的时候，也遇见了一位“燕子”这样的姑娘，我俩毕业同一所学校的同一个专业，那时候我还是单位的实习生，而她已经和公司签了正式员工合同，并且拥有了属于自己的团队。

当我在办公室负责复印、整理这样打杂的工作时，她已经带着团队签回了一份百万的合同。我在城市三环外和别人合租了一套两室一厅的房子，而她已经自己首付了一套市中心的小洋房。更重要的是，她不仅有财，还有头脑，工作一年就被公司委派出国交流学习，回国后就升职高层。

那是我第一次感觉到人与人之间的差距，每次见到她我心里都是很酸的，甚至在办公室里我害怕听到别人将我俩的名字并列提出，怕别人知道我俩是校友。

人类天生爱比较，爱嫉妒，“凭什么命运分给我的苹果要比别人的小一点呢？”

工作两年后，我终于迈入了公司中层，和她有了工作上的接触，在逐渐了解了她的真实生活后，我的嫉妒如泡沫般消失了，因为我发现，抛开那些光环以后，她也有很狼狈的一面。

学生时期，当我和舍友悠闲地逛校园的时候，她已经在图书馆阅读很多本枯燥的商业书籍。当我烦恼期末考试的时候，她已经考了第二学位证书。工作后，当我抱怨周末需要加班不能休息的时候，她一个人在陌生的国家，一边学习，一边想办法啃下一单几百万的项目。她永远嫌自己穷，嫌自己没内涵，所以别人的休息时间，她都拿来恶补。

她也曾低声下气地说服甲方，默默地扛下所有的委屈。业内前辈当面质疑她的能力，怀疑她是托关系坐到当前的地位，她也只是笑脸相迎，然后用一份又一份合同证明。她每个轻松微笑的背后，都是咬紧牙关的坚持。

那时候我就在想："为什么我们总会觉得有些姑娘轻飘飘就拥有了你想要的一切？"

因为她们咬牙拼命的时刻，我们永远都看不到。

我们只看到这个姑娘二十几岁就过上了别人四十几岁的生活，羡慕她可以背着香奈儿，开着豪车和高层次的人接触。却从来没有想过，夜深人静的时候，她书房那盏灯还亮着，不知道她曾在哪里跌倒过，又是怎样狼狈地爬起来。

人生是一场马拉松，起跑的那一瞬间道路是非常拥挤的，但跑完1/4以后，选手们的距离就拉开了，我们要攀比的不是目光所及的身边同辈，而是过去的自己。

那些姑娘之所以光芒万丈，绝对是有一种坚持下去的力量，她们背后的努力与积累一定数倍于普通人。

我认识的一名95后小姑娘去年成为屈指可数进入联合国总部实习的大学生之一。有人说她太幸运了，父母都是大学外语教师，有良好的家庭环境为她的语言能力奠定了基础，又有足够的经济实力支持她向目标挺进，所以才能顺利通过招聘面试。

事实上，她从高中时就独自在国外上学，高二时就开始关注联合国的全球招聘信息，然后为着那个目标不断努力。一年里她投了47次简历，经历了6次面试。为了培养自己的开放思维，她的暑假全部奉献给了世界各地的学校。

在这一次次的努力下，她怎么可能不成功。生活里我们总能很轻易看到各行各业的佼佼者怎样在鲜花与聚光灯下微笑，却从不去想，她们也付出了普通人难以想象的努力。

比如当别的女生穿着公主裙在父母身边撒娇的时候，她已经一个人在国外独立生活。别的姑娘放学后和朋友在甜品屋聊偶像的时候，她在健身房练习防身术。别的姑娘和男朋友甜蜜温存的时候，她泡在电脑前查阅各种枯燥的数据。

她为了成功投入了巨大的体力和心力，这些精力和时间停驻的地方，命运也在那开满了鲜花。

上周我参加一场公益活动的时候，遇见了老同学小雅，她坐在嘉宾席上，妆容精致，衣着高雅，美好得就像清晨含苞沾露的花朵一般。和学生时代的她相比，简直判若两人。

学生时候的她总是穿着校服，戴着厚厚的黑框眼镜，内向又怯弱。每次参加班级活动她都是静静地坐在角落里，几乎没什么存在感。而现在的她坐在那里，耀眼的让人难以忽视。

我走上前打招呼，问她这几年发生了什么，变化竟如此之大。

她笑着说："也没什么，不过是拼了命地跑，才追上你们。"

原来这几年她一直在学舞蹈，参加各种公益活动。她说自己刚开始工作的时候，因为性格不讨喜，很难和同事相处，在职场上吃过很多亏，性格也变得越来越内向。直到恋爱两年的男友和自己提出分手后，她拼了命地想改变。很偶然的机会接触了古典舞，又在学习舞蹈的过程中遇到了有共同爱好的朋友，自己的性格也一点点改变。

再后来她和朋友创立了自己的舞蹈工作室，教孩子们跳舞，也帮助社会上的残疾儿童实现舞蹈梦。

果然，人生没有白走的路，每一步都算数。你羡慕那些姑娘人前光芒万丈，却从来没想过她们背后付出的努力。

当我刚升职的时候，一位同事过来说："好羡慕你，轻轻松松就成了公司的管理层。"

我笑着说："没什么，运气好而已。"但我心里在讲："真的很轻松吗？我明明付出了三倍的努力，才换来现在的收获。"

我所有深夜喝咖啡熬夜赶稿的日子，周末在单位加班的日子，是绝大多数人看不到的。他们更想看到的是我一夜之间就建起了一座城堡，然后对着城堡说："这个城堡的主人运气太好了！"但只有我自己知道，我是怎样一砖一瓦建起它的。我因熬夜长出的痘，常年不消的黑眼圈，几度处于崩溃边缘的精神，都是建造这座城堡时付出的代价。

所以，我真的一点儿也不幸运，我实在是吃了太多的苦，才换来了命运对我的奖赏。

我曾在微博上见证了一个姑娘的蜕变。50 天的时间，她瘦了 30 多斤。她身边没有专业的营养师，没有足够的资金让她的减肥变得简单一点。她只能用最笨的方法，吃得少一点，动得多一点。

她在微博上发布各种美食照片来获取内心的满足，每天夜晚她都想放弃，但每次她都说再坚持最后一天。

最后她坚持了下来，瘦下来的她又和网友讨论："怎样才能让自己活成梦想中光芒万丈的样子。"

她从网上下载视频自学古琴，和时尚博主学习穿搭，和摄影博主学习怎样拍出令人过目难忘的照片。只是短短两个月的时间，她的改变显而易见，在时光的坚持里，她仿佛破茧重生。

所以，如果你想获得一样东西，不如先努力让自己配得上它。人生没有坐享其成的幸运，只有竭尽全力后带着汗水的收获。

当别人冒雨狂奔的时候，你躲在屋檐下休息。雨停后，别人已经把你远远甩在身后，你却埋怨“凭什么她们起跑线比我提前那么多？”在人生的道路上，付出的每一分努力都将铺成脚下的路。

与其羡慕别人光芒万丈的人生，不如闷头前行，那些扎扎实实的努力和付出，命运都会换种方式馈赠与你。

随身包里那些提升品位的“小物件”

不注重背包的女人，往往活得将就马虎。而懂得关注这些生活细节的姑娘，在侍弄自己外表的时候，也不会忘记随身包。

一个精心侍弄随身包的女人，愿意为了更好的生活而努力。毕竟一个女人如果连最简单的事情都没心思改变，你怎么会相信她能够在更困难的事情上坚持。

我想许多姑娘一定都遇到过这样的尴尬情景，排队结账时好不容易轮到自己，却在随身包里来回翻也找不到钱包。售货员面带微笑等候结账，身后的顾客也焦急等待，自己急得面红耳赤，最后只能倒出包里所有的东西，在一堆凌乱里付钱离开。

小秋就是这种令人无奈的姑娘。小秋是创意部的实习生，因为可爱的外表和精致的穿搭被很多男生喜欢。但她的背包却是一团糟，湿纸巾、钥匙、巧克力、名片全都胡乱塞在里面，甚至会议的记录报告也被暴力塞了进去，如果不小心碰翻了背包，那可真是灾难一场。

她的同事说："你别看小秋每天打扮的光鲜亮丽，她包却乱的像灾后现场，那些男生如果看到她的背包，估计就打消了想表白的念头。"细想一下，杂乱的背包的确会让别人对自己的印象大打折扣。

读书的时候老师说，笔下的字是我们的第二张面孔。工作后，有人说女人有没有品味要看她的鞋子。再后来又有人说，书架能看出女人最高的修养。其实这些观点在某种情况下都对，因为那些关于你生活的任何一样物品都像你的第二张脸，能代表着你的品位和修养，尤其是你手中的背包。

不注重背包的女人，往往活得将就马虎。而懂得关注这些生活细节的姑娘，在侍弄自己外表的时候，也不会草草了事。

杂乱不堪的随身包即使是范冰冰拿着也会让人生厌，而普通的一位姑娘如果她的随身包干净整齐，也会给人舒服的感觉。

一个精心侍弄随身包的女人，愿意为了更好的生活而努力。毕竟一个女人如果连最简单的事情都没心思改变，你怎么会相信她能够在更困难的事情上坚持。

所以，一个精致的女人她的随身包里不仅得整洁，还一定必备几样"小物件"，随时准备提升自己的品位。

曾经看过一部短片，一位姑娘婚后不久丈夫突然得了重病，于是曾是家庭主妇的她不得不外出打工，但各种原因下让她只能选择在一家 KTV 里做清洁工，生活的重担几乎压垮了她所有的意志。某天在她打扫洗手间的时候，看到洗手台上放了一只口红，不知道是谁之前在那里补妆后留下的。

姑娘小心翼翼地拿起了口红，对着镜子一点点抹到嘴唇上，然后看着镜子里的自己，小声地哭了。其实她本来打算下班后就自杀的，但正是那只口红让她意识到自己还很年轻，人生还有希望。有人可能会觉得那位姑娘很矫情，但事实证明一个人是否抹口红还是有着很大的差距的。女人可以素颜，但绝不能让嘴唇毫无血色。而口红就是唤醒姑娘内心的最佳武器。

所以，精致的姑娘随身包里一定不能缺少一只口红，它可以瞬间提升你的气场。

我身边的姑娘出门时，随身包里永远会准备着一包棉柔纸巾，当有人需要时，总能第一时间拿出来，赢得同行人的好感。除此之外还需要一只保湿喷雾，在合适的时间喷一下，让皮肤瞬间恢复活力。

我经常在商场的洗手间里遇见补妆却找不到化妆品的姑娘，她们常常会边翻背包边嘀咕："我记得口红就在这里呀，怎么没有了？"事实上，那些小件的东西一旦随意丢进背包里，就仿佛针入大海，再找的时候不仅很难找出来，也很容易损坏或弄脏背包。所以，姑娘的随身包里需要一个化妆包，不必太大，只需要装下那些必备的化妆品，保证在需要的第一时间里轻松拿出来。

曾有网友调侃某位女明星，说她有十八岁的脸蛋八十岁的手，大概是因为缺少保护，她的双手总是给人一种"脱水感"皱纹横生。所以请让你的随身包里永远装着一只护手霜，保护你的双手和脸蛋一样美好。

正所谓“闻香识女人”，一个人对味道的记忆远比容貌来的深刻，所以香水是很多女生包里的必备品，在气味减淡时随时拿出来喷一下。但是香水的选择很需要技巧，我曾经被一个姑娘浓烈的香水味熏到不停地打喷嚏，这份记忆的确深刻，但一点也不美好。

要知道，香水是属于每个姑娘的独特味道，在合适的场所稍稍喷几下，便会有微弱却一直萦绕的香气，这能为一位姑娘的魅力增值不少。

现在看起来是一个不需要笔的年代，想记录什么有手机备忘录，需要签名的地方也提供签字笔。在我看来只有笔尖才能记录下属于你的时光，手写的故事更有质感，所以包里装着一支笔也是不错的选择。

随着手机支付的流行，出门携带现金的人越来越少，钱包的出场率也越来越低。但是每次看到刷卡时要翻包倒袋找卡和手机，便觉得浪费时间又影响形象。也有很多人觉得钱包占位置，所以宁愿将卡类的东西塞在侧兜中。

其实不是钱包占地方，是你没有找到节省空间的钱包。选择一款合适的零钱收纳包，于是手账、卡包、钱包全都有了，平时随手记账或是写随笔都很方便。刷卡找零钱也不用再大海捞针般地寻觅。

爱打扮是一种生活态度，会打扮是一种能力，而出行时随身携带的背包就是生活态度及能力的综合。

堂妹曾说过一个很可爱的“歪理”，当你运气不佳的时候，一定要换上最美的衣服，化最好看的妆，喷最昂贵的香水，昂头挺胸地出门，这样霉运就不会来临了。

我笑她别人只听过“爱笑的女孩，运气不会差”，第一次听说“爱化妆的女孩，运气不会差”。堂妹很不服气地反驳我说：“上帝都偏宠自信的姑娘，而我只要穿上最美的衣服，化上最好看的妆，就仿佛全世界都在我的怀里，这样的我怎么不会被偏爱？”

事实上，现实里那些爱化妆的自信姑娘，的确运气更好。

堂妹以前是一个没什么自信的姑娘，性格沉闷加上长相平凡又不会打扮，遇到人多的场合讲话都有些结巴，于是更加沉闷，在任何场合都没什么存在感。

后来她认识了一位性格开朗的朋友，被朋友带着参加了一些朋友聚会，又被带去学习彩妆，之后整个人脱胎换骨。

朋友对堂妹说：“让自己保持好看的样子，是对自己的尊重，也是对生活的尊重，你在打扮自己的过程中，其实是在寻找更满意的自己，因为你只有先喜欢你自己，才会成为更好的自己，也才会真正被生活所喜欢。而当你变得更自信更美好的时候，所遇到的人和机会，一定差不到哪里去。”

生活中你隐藏不了的除了咳嗽、爱情、贫穷之外，还有透过外表暴露出来的品位。那些外在的装扮就像一种无声的语言，哪怕你什么都没说，什么都不做，别人也能解读到你的生活态度和精神面貌。

所以，不要让你狼狈的外表，掩盖你有趣的内在，从这一刻开始，认真打扮，认真生活，一个姑娘永远保持好看的样子，就是爱自己最高的仪式感。

第二辑

做一个精致的姑娘

女人的精致不是拥有多少奢侈品，而是追求高品质生活的内心，是充满仪式感的生活态度。无论任何时候，忙碌和年龄都不是我们放弃精致的理由，取悦和讨好别人也不是阻碍我们享受生活的借口，精致才是女人最高级的活法。

摄影：摄影师花叔 模特：南歌子

优雅是女人永不褪色的美

她的优雅是从骨子里流露出的自信与对生活的热爱。如果说一见钟情的爱情来源于外貌，那么长相厮守的陪伴则来源于内在。

一位永远奔跑在丰富自己灵魂道路上的姑娘，被时光褪去青春容貌后，只有优雅和风度才会是不曾褪色的美丽。

同事谢颖连续三天上班迟到，开例会时也总是走神被经理批评了几次。午休的时候有人问她是不是最近遇上了什么难事。谢颖幽幽叹了口气，然后说出自己最近遇上的烦心事。

上周末谢颖去参加一场相亲，然后喜欢上了一个看起来很帅气的男生，挺拔的身材，干净的外表，清爽的头发，说话声音也很温柔，可是人家没看上她。

也难怪，在谢颖的描述里那个男生一定是很讲究生活品质的人，而谢颖只是一个毕业没两年，扎根在基层工作岗位上的小姑娘，赚的钱基本都用在各种街边小吃、夜市打折服装上，不会理财，不会化妆，平时大大咧咧习惯了，遇到理想的男生，就开始埋怨自己不够优雅精致。

谢颖用一句话来自嘲说："这就像是他早餐吃面包喝牛奶，我早餐吃卤煮油条，我和他生活在不同的层次，想吸引他的确很难。"

其实在生活的小细节上就能看出，谢颖的确不是生活精致的姑娘，她刚租了房子，我们大伙帮她一起搬家，发现她租的那间公寓布置很简陋，除了一张工作桌之外，连个凳子都没有，上个租户还在墙上留下各种小孩涂鸦。

当时就有同事建议她买一些壁纸贴上，再买几把凳子，换一个干净的窗帘，整个房间马上就会提升不少格调。

结果等下一次谢颖邀请我们去她家做客的时候，墙面上的涂鸦依然存在，屋里多了几个泡沫垫子，很多餐具也是一次性的。谢颖当时还和我们大家解释，说自己也想要过有品质的生活，但没有钱，而且这间公寓也是租来的，贴墙纸最后也是留给房东，置办那么多家具下次搬家时也会很麻烦，用这些一次性的，搬家时直接丢掉就行。毕竟那些有品质有格调的生活都很贵。

事实上，生活是否能过得有格调，全在心态，毕竟房子是租的，但生活不是。你用什么样的态度对待生活，生活就会给你什么样的回报。

比如谢颖向往着偶像剧里那些高品质的男生，那她就该让自己成为生活精致的那类人。只有当她准备好了，在面对生活给予的机会时才不会错过。

我去参加一个学术交流会时，坐在我身边的那位女士说自己已经49岁了，我很吃惊。她穿着一套米白色的职业装，戴着精致的首饰，化着简单而大方的妆容，头发在脑后盘成民国时期的发型，整个人得体又时尚，一点也看不出那些在职场和生活两头挣扎的中年妇女的样子，完全是三十多岁的颜值。

整个交流会，她全程一丝不苟地把腰板挺得直直的，仪态优雅，坐姿端庄。轮到她发言的时候，谈吐永远不疾不徐。相比于在场其他姑娘的青春甜美，她更显得内敛而优雅。

交流会结束后，很多人都过来要她的联系方式，希望日常也能多多交流，她表现得很平易近人，脸上一直带着优雅端庄的微笑。散会的时候我听到不少小姑娘感慨希望自己老了不会变成油腻而唠叨的中年妇女，而是变成她这样的女神，美丽与优雅并存。

后来我又和她交流过几次，我感慨她的完美，她却说自己其实也是有缺点的，年轻的时候不喜欢自己的长相，觉得脸颊太方，鼻子太尖，额头太宽，眉毛太粗。甚至嫌弃自己因为学舞蹈而有肌肉的小腿。

她说自己年轻的时候并不算是一等一的美人，然而当她已经快迈入50岁行列时，大家却在夸赞自己的美丽。

时光这把刻刀，不仅没让她变得狼狈，反而将她雕刻得更加优雅。

也许一位姑娘最宝贵的不是她倾国倾城的容貌，而是她的优雅和风度。

奥黛丽·赫本说："女人的魅力不在于外表，真正的美丽折射于一个女人灵魂深处，在于亲切的给予和热情。"

那些活得优雅的姑娘，岁月仿佛从不会在她们的生活中留下痕迹，她们的美丽不仅不会因为岁月的侵蚀而削弱，反而随着岁月的增长而增加。

我认识一位姑娘，人们想到她的时候往往只剩一个字来形容：美。然而她的美，并不只是来源于上天赐给她的美貌，更来自于她精神上的丰富、人格上的独立与为人处世的智慧。

都说岁月不饶人，怎么不仅饶过她还让她更加美丽？

其实哪有凭空得来的美丽，她的美来源于其自身的努力。

她出身书香门第，从小不知道读了多少本书，精通 4 门外语，哪怕现在生活变得更加忙碌，可只要一得闲，便要坐下来读书。当身边朋友夸赞她温雅中透着力量时，她依然不曾停止读书，她认为自己要学习的东西还很多，希望慢慢丰富自己。

她也从不曾因为容貌姣好而孤芳自赏，她的优雅来自于自己对生活的认真。她一直致力于慈善事业，哪怕曾经创业艰难差点破产，也不改初衷。

她的优雅还来自于自己灵动的活力，一举手一抬足都充满美好，那是从骨子里流露出的自信与对生活的热爱。

如果说一见钟情的爱情来源于外貌，那么长相厮守的陪伴则来源于内在。

一位永远奔跑在丰富自己灵魂道路上的姑娘，被时光褪去青春容貌后，只有优雅和风度才会是不曾褪色的美丽。

同学聚会的时候，我感叹一个朋友短短 5 年就气质大变，原本的她除了长得漂亮外，灵魂真的很无趣。而再聚在一起的时候，曾经沉闷无趣的她竟妙语连珠。无论和她讨论时事、经济还是美妆、旅游，她总能说出不凡的见解。

聚会快结束的时候，有一个男生对她说："我曾经暗恋过你呢，不过那时候你总是不爱说话，有几次我故意找了借口和你聊天，你竟然呆愣地看了我十几秒，于是我的暗恋就那样破灭了，要是当初知道你竟这么有趣，我就算是上刀山下火海也得让你当我女朋友啊！"

朋友笑笑说："好巧我也曾暗恋过你，所以你和我说话的时候，我才会紧张到发不出声音。不过就算当时表白也不会长久，毕竟那时候我的确很无趣。这几年我只要有时间就会捧着书看，有空会做瑜伽，难得假期，就多出去走走，曾经无趣的自己也终于一点点有趣起来。"

我们的一言一行都被人看在眼里，体现的正是我们的修养和我们灵魂的模样。

的确，优雅的姑娘要从内在修炼自己，可以不漂亮，但必须有风骨。世界上只有懒于修炼自己内在的姑娘才是真正无趣的姑娘。优雅是女人一生的必修课，是最高级的修养。

她们面对非议不是生气，也不是逃避，而是接受所有，最终用事实说话，证明自己。这是刻在骨子里的优雅。随着时间推移，她们最终会赢得别人的尊重。

优雅的姑娘会让自己永远保持一种平和的心态，以平常心面对生活得失；她们注意自己的语言让其配得上自己的身份；无论在什么场合都会保持良好的坐姿和站姿；会用热情的态度面对生活。她们让自己的世界繁花盛开，也给周围的人带去一片馨香。

世上的女人有千千万万种样子，却只有一种女人，让你永远相处不厌，那就是优雅的女人。

让你的外表匹配你的心

就好像一块钻石原石，自己知道用机器剥开外面那层粗糙的石头后，里面会是价值连城的钻石。但别人根本看不到你的内心，对于大部分人来说，没有切割开的你，就是一块最普通的石头，别人没有义务也没有耐心去赌你这块石头里面到底有没有钻石。

阿辛打电话约我喝下午茶，我们去了常去的那家咖啡屋。阿辛问我："身材好、颜值高的姑娘是不是比较容易成功？"

我想了想说："我觉得是。"

阿心一脸愤慨地说："我恨这万恶的看脸的世界，像我这样长相普通，身材微胖的女孩子从出生就输了！"

我说："不是，那些身材好、颜值高的姑娘不是赢在了自己的外貌上，而是因为她们内在的修养。"

阿辛比我大 3 岁，还没有恋爱过。她对男人的审美标准一直很单一，喜欢那种外表干净，言谈有趣的暖男。她遇到过几个心怡的男人，也曾用尽力气去追求过，但最后都没有成功。她喜欢对方，对方却不喜欢她。

她很忧伤地跟我说："我这辈子应该是嫁不出去了，如果有下辈子，我一定要提前整容成绝世美女！"

我问她："你为什么不改变下自己的外在呢？"

她说："真正爱我的人，难道不应该爱我的灵魂胜过爱我的外表吗？我希望他能透过我平凡的长相，看到我真实的内心。"

熟悉阿辛的人都知道，无论在职场还是生活上，她都是一位很优秀的姑娘。我去过她的家，六十多平米的屋子被她布置的很温馨舒适，不爱化妆的她却喜欢把房间弄得很精致。她的浴缸边上摆了很多的香薰蜡烛，客厅每天都会摆一束娇艳欲滴的鲜花，床前摆着各种有益身心的书籍。

她花费了很多时间和金钱来修炼内在，成为一个很优秀、独立的姑娘，却总是吝啬分一些精力在自己的外表上。她喜欢穿一件黑色直筒休闲长外套，戴一顶渔夫帽出门。无论参加什么场合她都不喜欢化妆，原因是化妆很麻烦，哪怕是去相亲。于是迄今为止都没有人愿意真正花费时间了解她。

我对阿辛说："如果你真的想恋爱的话，那你就狠下心瘦身 15 斤，然后丢掉身上这种灰扑扑看不出性别的衣服，坚持每天化妆出门，让你的外表配得上你的内心。"

结果，她做不到。她说："我也想穿裙子啊，我也希望自己每天都化妆出门，可是那会令我很别扭，我觉得不像自己了。我也想改变外在啊，可感觉那样太肤浅了。”

就是这样的理由，让阿辛的外表配不上她的灵魂。就好像一块钻石原石，自己知道用机器剥开外面那层粗糙的石头后，里面会是价值连城的钻石。但别人根本看不到她的内心，对于大部分人来说，没有切割开的阿辛就是一块最普通的石头，别人没有义务也没有耐心去赌她这块石头里面到底有没有钻石。

所以，女人最应该做的就是先让你的脸匹配你的心。因为在大多数人心中，外表好看的姑娘都自带“优秀”属性。

外表好看的姑娘其实都很努力，因为她们不希望自己被人当做腹内空空的花瓶。即使是单身，她们也不会在朋友圈发一些“孤独无助”的文字，反而会把时间用在健身、旅行、烘焙这些能充实自己的事情上，她们会努力让自己的能力与外表势均力敌。

她们知世故而不世俗，她们其实什么都懂，知道有趣的灵魂比漂亮的皮囊更重要，但也知道只有漂亮的皮囊才能吸引人了解自己有趣的灵魂。

小羽是我朋友圈颜值数一数二的姑娘，挺直的鼻梁，含情的丹凤眼，笑起来有两个俏皮的梨涡。见过她的人都不忘感叹一句：“她可真好看啊！”她在模特圈也是小有名气，有些不知情的人会调侃她：“长得美就是占便宜。”

她总是反驳说：“长得美也是一种能力好吗？”

为了保持肤色亮白，她坚持不熬夜，赚钱买奢侈品级别的化妆品，从不亏待自己的脸。为了保持身材，她远离烧烤、火锅、宵夜、甜品之类的，每天都要坚持健身两个小时。为了提升气质，她和几位时尚圈的朋友学穿搭，爱好的油画也坚持了七年多。

所以你看，好看的女生一定不止是天生美貌这么简单，她们的外表、身材、气质、教养都迷人的不得了。

她们好看的背后是够自律，够坚持。她们舍得对自己狠，而且她们狠的目的是让自己走向更高处。她们知道自己想要什么，并且会努力去得到。

小羽和阿辛是截然相反的两种姑娘，阿辛总喜欢说我“以貌取人”，但事实上，那些能一直让自己保持好看的姑娘的确很优秀。

相反，若是连自己的外貌都没有能力保持精致的姑娘，谁又愿意通过朴素的外表去挖掘有趣的灵魂。

我不止一次劝过阿辛换换发型，买几件体面的衣服。但她总是有理由拒绝我，比如穷，懒，不会，太麻烦。但人都是视觉动物，都更愿意去了解美好的事物。在这个看脸的世界，如果你真的想变得更好，想改变当前糟糕的处境，那么最直接的方法就是改变你的形象。

你的外表在很大程度上决定了你会吸引什么样的人，遇见什么样的事。你以怎样的自己对待生活，生活又会怎样对待你，最终都会呈现在你的容貌上。所以，憧憬美貌，善待生活，是我们每个人应有的信仰。

我曾见过一个女人，即使在最糟糕的岁月里，依然细心打理容貌，用电饭锅蒸蛋糕，尽心呵护生活里的小美好，尽量保持着从容、优雅。

以貌取人，取的并不是美貌，而是好看，好看是眉梢眼角见清风明月，是举手投足里赏心悦目，是在最落魄的岁月里依然保持优雅与从容。

我们见过太多这样的女人了，她们仗着青春貌美，穿着高级礼服，化着精致妆容，出入豪车接送，可是对待陌生人却毫无礼貌。在美好外表之下隐藏的是灵魂的匮乏。这样的女人只有漂亮的皮囊，是称不上美的。

好看，绝非肤浅的美丽，它是一个人剥离了外表之后的素养，是放在瀚海人群里也能一眼分辨出的气场，这是灵魂的样子。

所以，我希望你能永远让自己保持好看，哪怕是失恋的时候，阴雨天的时候，遇到困难的时候。我甚至相信，有外在美的人，才有内在美。因为当一个姑娘想要保持外表好看，一定是对自己未来有要求的人。

你呈现给世界的，就是你心里原本的样子。别让你的外表配不上你的内心。

精致的姑娘一定会化妆

精致的妆容就像是姑娘的战袍，它能让姑娘在人生的战场上，永远都气定神闲。

小乔和男友分手了，因为男友嫌她花钱太多。其实小乔对金钱并不看重，购物欲也没那么强烈。

最近她因为经常熬夜加班，皮肤极易出油，甚至辐射斑都冒出来了，于是在单位楼下的一家美容机构办了一张美容卡，结果两人因为这个问题发生激烈的争吵，吵架内容也从这次的美容卡到小乔平常买的化妆品，她男友指责小乔："又不是什么重要场合，总是要化妆，买那一堆化妆品的钱都够半年的伙食费了。"

小乔一怒之下就提出了分手，她很纳闷自己追求生活品质有错吗？

当然没有，古人有云“女为悦己者容”，女人爱美这件事自古就有，实在没什么可争论的，毕竟有哪位姑娘不想出门被人夸奖漂亮呢？更何况女人化妆，也是一种对美丽的追求和积极向上的心态。

一个姑娘对待生活的态度决定了这个世界对她的态度，倘若自己对生活都将就，那生活对自己也必然潦草凑合。所以为了变美，选择去办一张美容卡有何不可？

一位美妆博主说：“精致的女人哪怕是到楼下菜市场买菜，也一定是化着精致妆容的，因为她们不能忍受将自己不好的形象展现在别人面前。”

可以说会化妆和不会化妆的女人，过的是两种不一样的人生。

都说化妆就是整容般的颜值重塑过程，无论你美不美，化妆后肯定气场全开，整个人都神采奕奕。

说实话，工作之前我一直信奉“外表不重要，重要的是内心”这句所谓的至理名言。总觉得爱打扮的女人都是物质、肤浅的，只知道追求虚无的皮相之美，不懂得修炼内在，容颜易老，再好看又如何。

然而事实证明，会打扮的女人就是了不起的，尤其是那些经历过生活暴击之后还能掏出口红仔细涂上，告诉自己不能倒下的女人，更是令人佩服的。

精致的妆容就像是女人的战袍，能让她在人生的战场上，永远都气定神闲。

而且在某些正式场合，化妆也是对大家的一种尊敬。我小姨今年56岁了，她还坚持每天早上起来涂粉画眉的习惯，她说每一位姑娘都有让自己看起来更美好的义务。就算时间再紧迫，她也至少会花五分钟画个眉毛涂个口红。

我问她,你累不累呀,又不是什么重要的场合,素颜也不会怎样呀。

她说，化妆与不化妆是两种完全不同的生活状态。素颜的时候觉得整个人都是懒散的，对什么事都提不起劲，但哪怕只涂个口红，你也会觉得世界变得鲜活了起来。

化妆这一个简单的动作，却有让生活起死回生的魔力。

我刚毕业的时候，有一次去面试，人力资源经理拿着我的简历看了许久后叹了口气说：“你的简历很棒，但你的形象很糟糕，小姑娘正是青春年少朝气蓬勃的时候，怎么可以这么不修边幅，你这样大家怎么放心把工作交给你？”

那时候，我的脸通红，窘迫得恨不得马上把地面扒开个缝隙然后钻进去。

工作后我就明白了，当你衣冠不整，整个外表都乱糟糟的时候，是没有人会相信你的工作能力的。毕竟一个姑娘连自己的形象都照顾不好，又怎么让别人相信你可以把其他的事情做好？

当我们小的时候，所有人对我们的期许都是健康平安的长大。但当我们步入成年人的世界后，你会发现，不同的身份对你有着不同的要求，但无一例外的是，以貌取人是所有人最便捷也是最快速的一种识人方式。他们通过你的外表来定义你的能力，这看似很荒唐，事实上却很有用。

要知道一个姑娘若是能数十年如一日保持住身材不变，至少说明她没有不良的生活作息，身体健康，对自己要求严格。而穿着得体则意味着她有一定的审美能力等。

我一直很佩服何欢，她是一位32岁的妈妈，她的丈夫在孩子还没满一周岁时就去世了，随后她的父亲又被检查出肝癌，为了给父亲治病，她花光了所有的存款，然后从市中心的小区里搬出来，在老城区的一栋破破烂烂的房子里住了下来。

为了给孩子更好的生活，她在业余时间做了份兼职，长时间的熬夜让她的身体状态变得很糟糕，遇到感冒咳嗽这样的小问题，她也是主张熬一熬就过了。

但即使是在这样恶劣的环境下，她也依然坚持让自己永远保持好看的样子，高跟鞋断掉了没有钱买新的，她买了胶水自己粘上继续穿；粉底用完了就用剪刀将粉底瓶子剪开，用手指蘸着瓶壁上的粉底液继续用；想穿好看的衣服却舍不得买，她在早市上买了布自己做。

何欢有一次生活上遇到难题，躲在家里的床上大哭，我以为这一次她可能真的会被击垮。但第二天打开门，她依旧是那个妆容精致，穿着得体的职场女性。

她说："既然生活一直是这样艰难，自己总不能早早就缴械投降。"

对于女人而言，一条华丽的裙子，一双好穿又好看的高跟鞋，再加上精致自然的妆容，就是最坚硬的盔甲。

人生里不管发生什么事，哭得多么惊天动地，只要把自己收拾妥当，让自己看起来容光焕发，就好像自己有了锋利坚韧的武器，进可跟人厮杀，退可保自己安全无虞。

万人迷说："当一个女人停止化妆，她就老了。"

生活中很多人都对化妆的女人有偏见，认为她们整天只顾着把自己捯饬得光鲜亮丽，肯定没什么实际的工作能力，在职场上顶多是个充门面的花瓶罢了。

这就大错特错了，相反爱化妆的女人往往在其他方面也对自己高要求。她们能在零下几度的冬天，在别人还赖在温暖的被窝里争分夺秒地再多睡几分钟时，狠得下心咬着牙爬起来化一个精致的妆容，并且一年三百多天从未懈怠。这样的毅力和韧性，对待工作当然会同样自律。

她们能为了美对自己狠，职场上也会拿出十足的拼劲儿，别人搞不定的项目，她们咬牙死磕，不拿下来决不罢休；别人觉得棘手的工作，她们咬着牙硬着头皮也要上，非要把它做成才甘心；别人觉得做的差不多了的时候，她们还要一遍遍地审查然后修改，一定要做到尽善尽美才满意。这样的女人职场上怎么可能只是一个花瓶？

同样，爱化妆的女人，不仅工作上表现不俗，婚姻一般也都很圆满。

俗话说，爱美之心，人皆有之。一个总是漂漂亮亮、神采飞扬的女人，和一个满脸憔悴、皱纹横生的黄脸婆，男人自然更喜欢前者。当然，这里不是说女人要去讨好男人，而是如果能让自己看起来更好看一点，为什么非要把自己往难看里推呢？

爱化妆的女人，往往也更浪漫有情调。她会时不时地搞个烛光晚餐，增进两个人的感情；会买上一两束鲜花，放在家里最显眼的位置，看起来舒服又惬意；还会出其不意地给丈夫准备上几份神秘的小礼物，给他一个惊喜。而丈夫感动欣喜之余，也会投桃报李，对她更加上心和体贴，一来一往之间，感情也越来越好。

婚姻里细水长流固然好，但是如果生活一直是一成不变的，那么不管两人感情有多好，在一起久了都难免会失去新鲜感。而爱化妆的女人，总是有办法让两个人重温最初的悸动，即使到了四十岁五十岁也依旧恩爱甜蜜。

爱化妆的女人，不管是对自己还是对生活，都是爱美的，想把每一天都过得精彩又美丽。

生活中每个人都会遇到烦心事，但是很多人想不开，一件事情郁结于胸不论怎么都过不去，整天愁眉苦脸看什么都不顺眼；而爱化妆的女人，她们不光要脸蛋美美的，心情也要美美的。她知道日子有苦有甜，怎么过都是一辈子，与其每天抱怨不已，还不如面带微笑，去发现生活的美好。先不说心态如何，单单是自己好不容易化好的妆，都不能被毁了。

爱化妆的女人，不一定会赚多少钱，有多么优越的生活，但是她只凭着自己一颗爱美的心，就能把日子过得漂漂亮亮的。

俗话说，没有丑女人，只有懒女人。也许我们生的不够美，但我们依然有爱美的权利。当你变得又美又吸引人的时候，你会发现好像打开了新世界的大门，好运也随之而来了。

爱化妆的女人，运气都不会太差。所以亲爱的，从现在开始，做一个爱化妆的女人，去迎接好运吧！

承认了吧，你只是一个普通人

长大的标志之一，是和自己达成和解，承认自己只是一个普通人，在否定自己怀疑自己不够好的时候，学会对自己说“你已经够好了”，然后坦然接受自己这辈子只会是一个普通人。

你有没有发现，自己越来越容易焦虑，任何与赚钱、跳槽、升职相关的话题都很容易吸引你的注意。

别人刚毕业就进了500强公司，你很焦虑；别人有一个优质男友，你很焦虑；别人轻松收入过万，你很焦虑！

你每天在网络上看到各种成功人士的新闻，然后越来越担心，害怕自己再不做点什么，就错过了无数红利。你觉得遍地商机，又总觉得会来不及。

所以，你熬红了眼不停地给自己充电、升值，等车时看行业公号，周末去听专家讲座，把知识和头衔一层层地往身上叠加。尽管如此，你依然觉得自己不够优秀，你觉得自己还应该更努力一些。

于是你刚走过了高考的千军万马独木桥，又一头扎进考研大军没日没夜；为了雅思托福，整夜整夜地刷题；为了年终绩效你加班到凌晨，最忙的时候在公司住了3天，连着出差一个月。

但你依然不满足，尤其在当前社会上我们能从各个媒体上阅读到关于成功人士的采访。他们拿别人的成功衬托你的平凡，在这样的压力下，即使你拼命奔跑，还是跑不过内心的恐慌。

其实你已经很努力了，只有你自己不知道。你需要的不是一刻不停地奔跑，而是偶尔暂停下来和自己的内心对话。

有一位情感博主曾做过一份女性调查，问题只有一个——“你对自己的身材满意吗？”

有七十多万的女性参加了这项调查活动，却只有17%的女性对自己的身材满意，剩下的人觉得自己太瘦了，太胖了，腰太粗了，胸部太小了等等。

最后那位情感博主总结：“绝大多数女人用一辈子的时间来和自己的身材做斗争。”

好友笑笑天生椭圆脸小蛮腰，166cm的身高，体重从来没上过三位数。但她总怀疑自己腿部有些胖，常常自嘲说别人的腿是喝豆浆的吸管，自己的腿是喝八宝粥的吸管。为此她一天只吃两顿饭，午餐从来不吃，晚上六点之后也不再吃任何食物。

除此之外，她还总认为自己脸大，心心念念着要打瘦脸针。朋友都夸她长相青春俏丽，她还是“不自信”，觉得自己不够美，义无反顾地去整容，最后反倒失去了自己的特色。

还有一位姑娘嫌自己额头太平，从腿上抽脂往太阳穴上填，花了钱受了苦忍着疼跛着脚回家。结果恢复好了去上班，身边同事没一位看出她微整了。

女孩子总是觉得自己还不够美，还不够“女神”。胖的觉得自己不够瘦，瘦的觉得自己不够高，高的觉得自己身材曲线不够好。可是无论是健身、整容还是节食，姑娘们依然不能对自己的外表满意。她们自怨自艾，不明白究竟怎样才能成为“女神”。

其实她们不懂，并不是她们不美，而是她们觉得自己不够美。她们该整容的不是外表，而是那颗总是否定自己、责备自己、厌恶自己，总是对自己说“你还不够好”的心。

我的前男友曾评价我“白玉微瑕”，为此我还和他发生了一场冷战，直到他解释说我的那些小缺点反而显得我更可爱，我俩之间的“战争”才结束。那时候我一直不明白，向来会说话的他，为什么要用“微瑕”形容我呢？怎样我才能做到“无瑕”呢？

如今，再想起曾经他的那句评价，觉得那时的自己太傻了，只看到那一点瑕疵，却全然忽视了一块大好的美玉。

仔细想想，那个觉得你“白玉微瑕”的人或许才是真正的了解你吧。他们从不曾把你当女神一样供在佛桌上，反而把你捧在手心里，他们能看到你的小瑕疵却依然喜欢你，这才是所谓的“真爱”吧。

但即便这样，依然有许多姑娘总觉得自己不好，哪怕她已经把自己整成了一张网红脸，却依然有很多理由对自己不满意：“我的脸不够高级，气质不够高冷”，“我的学历有些低，工资有些少”，“我还没出国旅行过”，“我来自四线城市”，“我的嗓音不够动听”，“我长得不够高”……

她们心里总有一个声音对自己说“我还不够好”，这是心魔。让你痛苦的根源不在于你的外表美丑，不在于学历高低赚钱多少，更不在于你来自哪座城市，而在于你没能好好地接纳自己。

造成这种情况大概是因为时代的改变，随着资讯公开、信息发达后，我们的比较对象变了，信息渠道也变了。我们不再和过去的自己比较，而是和全世界最成功的那些人比较。

我们总能通过各种各样的途径认识到一些人生赢家，然后因为她们的一夜暴富而焦虑。却从没考虑过那些成功案例其实是加了滤镜版本的励志鸡汤，她们背后付出的努力以及一出生就自带的光环，我们并不能看到。

于是我们抱怨，为什么别人在自己现在的年龄就已经什么都有了，而自己却还一事无成？

读大学的时候，有一次，我们宿舍开卧谈会，畅想未来的自己会是什么模样。那时候阿津说，实在难以想象再过几年自己就要被现实生活打败的样子，有一份工作，但并不总是有工作保障。有了自己的住房，却要为每个月的房贷发愁，有了自己的孩子，开始担心她在学校会被同学欺负，然后发现，自己努力奔跑、奋斗、仰望过之后，依然还是没能摆脱普通人的身份，自己活得那么平凡，平凡的和周围所有人都一样。

阿津的话让我们集体沉默了几秒，然后宿舍长说，毕业后她要把生活过成偶像剧的模样，学习、兼职、健身，竭尽全力让自己不要做湮没在茫茫人海中的普通人。

那时我们从来没有想过，如果这辈子都只是个普通人怎么办？也许奋斗十几年，依然没有卓越不凡、与众不同；仍然做一份普通的工作，过一份普通的生活，这样的人生，自己能接受吗？

在各种版本的成功学泛滥的当下，我们一心只想追求“更高、更快、更强”的人生，我们急需用金钱、名利、地位等来向世界证明什么，来保证生活的安全感。我们都不愿过普通的人生，没有一个人甘于普通人这个身份。

结果毕业这么多年后，我们果然成了自己曾经讨厌的那种“普通人”，却也渐渐不再自卑于自己是一个普通人。

渐渐地，我们客观地承认自己只是一个才智普通、天赋普通、家境普通、际遇普通的人。在有限的生命里，我们有很多的梦想能实现，也有很多的梦想永远追不上。

之前在网上看到过一个问题：“你在哪一个瞬间觉得自己成熟了？”

“成熟就是开始接受自己的平凡，顺应这个世界的规律去生活。”毕业5年，陪领导吃饭，陪客户喝酒，说话再也不能直来直往，只能阿谀奉承。慢慢地我们的性格也开始变化，原本欢快跳脱的，慢慢变得沉稳；原本锋芒毕露的，慢慢开始收敛，我们越发的周到，却也越发的言不由衷。

成熟意味着我们开始不只是为自己而活，开始考虑他人的感受，即便生活上有诸多不顺，我们还是能微笑着前行。

然后慢慢懂得，怎样以一个普通人的身份，去活出属于自己独一无二的人生。那时候我们明白，长大的标志之一，是和自己达成和解，承认自己只是一个普通人，在否定自己怀疑自己不够好的时候，学会对自己说“你已经够好了”，然后坦然接受自己这辈子只会是一个普通人的现实。

不要低估长得好看的姑娘

你永远不要小瞧一个长得好看的女人，尤其那些明明已经度过了青春年少，却仍然美得夺目的女人。因为这些美了很多年的姑娘，在与岁月厮守的时间里，一定学会了自律和坚持。

黄珍是我认识的人中穿衣服最好看的姑娘，同样的棉麻裙子，在别人身上皱巴巴的就像一块抹布，而她就能穿出高级定制的感觉。她能驾驭许多姑娘都不适合的饱和色衣服，穿衣风格能甜美，也能成熟。

在相处一段时间后，我发现她走路姿势很美，双肩自然打开，抬头挺胸，显得身材异常挺拔。她有良好的防晒习惯，出门戴遮阳帽，撑防晒伞，开车戴长臂手套；她注重身材的维持，饮食清淡，即使聚餐吃火锅也永远吃清汤。

有一次，我俩逛街买衣服，她试了一条紧身裤，刚从试衣间出来，我就被她修长而笔直的双腿吸引。我调侃她太幸福了，仅靠基因就有这样一双让人羡慕的双腿。

谁知她很认真地对我说，这双腿是她后天锻炼出来的。

她一直觉得自己身材比例并不好，双腿也不够匀称，所以无论春夏秋冬，她最爱的就是长款连衣裙。直到经过长时间的健身后，双腿被拉长了，才开始肆无忌惮地穿裤子。

我很诧异，健身还能把腿练长吗?

她审视着自己的腿说，在骨骼上大概是不行的，但是视觉上会很有效果。她说自己已经坚持健身 7 年，经过各种有氧和无氧运动的穿插锻炼，腿部上的脂肪逐渐消失，双腿变得紧实，臀部也有明显的向上提拉感，整个人重心上移，于是显得腿变长了。

所以说，永远不要小看一个长得好看的女人。因为她们从体态到肤色，从饮食到锻炼，都渗透着自律和坚持的迷人香味。

其实从我认识黄珍到现在已经快十年了，她的体重一直维持在 95 斤到 100 斤之间。她身高 168cm，加上长期健身，身材完全可以和许多女明星媲美。

去年她怀孕，我们见面很少，一直到今年年初，孩子百天，我们几个闺蜜约饭，结果她一出现，把我们吓到了。那个我们以为身材会走样到惨不忍睹的黄珍，生完孩子三个多月竟然已经恢复到原来的美貌。

我们集体挫败，忍不住感慨，上天怎么能把所有的好运气都给了她，竟然不给我们一个扬眉吐气的机会。

结果黄珍反问我们：“你们不会以为我这身材是个气球，生完孩子噗的一下就扁了吧？”

接下来的时间，黄珍给我们详细讲了她最近两个月的辛苦锻炼，从出了月子开始，她每天都要做两个小时的产后瑜伽，最初的那段时间，她几乎被教练折磨得欲哭无泪。这样两个多月，因为怀孕而长出来的脂肪，因为生产而变得松弛的皮肤才重新恢复紧致。

所以说，任何一个姑娘的好身材绝不是轻而易举就获得的，它凭的不是天赋，而是和自己死磕的毅力。

她们为身材永远只吃七分饱，即使再喜欢的食物，过了饮食时间一定不吃。除了少食按耐住饥饿，还要日复一日地坚持跑步、游泳以及其他健身项目。尤其过了青春期以后，美貌这件事真的不能靠天生，那些好身材的背后全是汗水，美貌里渗透的全是好习惯的坚持。

一个女人若是连自己的体重都控制不住，又怎么可能掌控自己的人生？反之，一个女人能几十年如一日地让身材保持在最佳状态，她还有什么是不可能完成的呢？

你观察过身边那些优秀的姑娘吗？尤其那些想控制自己的身材就能轻易控制住的姑娘，她们想做的事情多半都能成功。

这不是因为命运偏好这些美貌的姑娘，而是因为在她们的美貌背后藏着一个人的自律、忍耐、坚持、克制，以及高要求，这些品质让她们无论做什么事情，都能游刃有余。

所以啊，千万不要小瞧一个美貌的女人。因为你永远不知道这份美之后，藏着多少令人叹为观止的严于律己，住着一个怎样克勤克劳的灵魂。

比如黄珍，32 岁的女人，生了孩子后依然能一直保持着少女身材，当大家都羡慕她的时候，却不知道她坚持饭后贴墙站半个小时很多年了，她的美好背后藏着许多人不知道的辛苦和拼劲。渐渐地，这份辛苦和拼劲变成一股清泉融进她的灵魂里，滋养着她的美貌。

和黄珍有差不多经历的是我另一位朋友姜和，同样的 32 岁，同样满满的少女感。有人问她维持这样的好皮肤好身材有什么秘诀，她却说自己其实是易胖体质。众人不信，毕竟从认识她以后，始终没人见过她发胖。

姜和从毕业后，这么多年始终坚持早睡早起，只要不是非必须的工作，她一定会在十点前入睡，六点前起床。她的少女颜背后，藏着一个女人强大的自律。

难怪时尚女魔头香奈儿也要说："一个女人只有自律才能拿回属于自己的一切。"因为一个女人最重要的根本不是她的美貌本身，而是坚持美貌。

长得好看的女人还包括穿衣好看。因为这份好看不单是她的外表，更融合了眼神、谈吐、气质以及许多小细节。到了一定年龄，女人的着装不仅代表着审美和品味，还隐藏着她审美背后的处世心态。

很多人喜欢将精致着装与时尚紧紧联系在一起，觉得只有昂贵的服装才能把自己打扮的好看。其实不然，所谓的穿衣好看并不是穿奢侈品，而是对自己负责，把自己的态度藏于细节，显于细节。

曾在知乎看到过这样一句话："自己展示的是形象，留给别人的是印象。"

穿得寒酸，别人也只记得你那件寒酸的衣服。穿得精致，别人会记得衣服里的女人。你的形象是对自己的尊重，也是对别人的尊重。

20 岁的时候，我对美根本没什么概念，自觉青春无敌不施粉黛，亦能光彩照人。直到有一次我和好友一起逛商场，偶遇一个姑娘，五官算不上精致，但肤质细腻，肤色白皙，整个人有一种清新而灵动的气质。看得出来，那是一种后天经营出来的美丽。

和她比较，再看看自己披散着头发就出门，因为心情抑郁行为懒散，外套里直接裹着一件睡衣。我俩面对面走过，她就像一位高雅的女王，而我就是贫民区里的小邋遢。

那一刻我忽然有些自卑了，我从镜子里看到那个平凡到如一粒尘埃的自己，明明该青春张扬的年纪，却显得死气沉沉。毕业后因为不注意身材管理，体重一路飙升，加上长期熬夜，曾经最引以为傲的皮肤，现在日渐暗沉。

好友发现了我的情绪转变，安慰我说："那个人不就是长得好看而已？又没人拿你俩比较，你至于这样吗？"

"不就是长得好看而已？"

你永远不要小瞧一个长得好看的女人，尤其那些明明已经度过了青春年少，却仍然美得夺目的女人。因为这些美了很多年的姑娘，在与岁月厮守的时间里，一定学会了自律和坚持。

所以现在，每当有人问我："怎样才能成为更好的姑娘，掌控自己的未来"的时候，我都会告诉她，先从管理好你的美貌开始。

这样的美貌无需去整容，或是必须美成哪位明星的模样，而是把自己的每一天都经营好。

所谓管理美貌，不是说你必须美成哪种标准，更不是让你去整容，而是力争把自己本身管理好。每天都看到一个更好的自己，朝气蓬勃，奋力向上，让人不能小看的自己。然后在那些因美貌而养成的良好习惯里，发现自己原来可以走得更远。

所以，你永远不要小看一个长得好看的姑娘，因为她们每时每刻，无论是在身材、肤质、仪态还是内在的自信、自省上都在进步。这些姑娘身上，有远比你看到的更好的灵魂。

永远不要拿年龄作为你将就的借口，哪怕到了 90 岁，只要讲究，你也会是最美的样子。

所以永远不要低估一个长得好看的女人，因为生活会以丰盛回报那些努力自我讲究着的人们。

高跟鞋才是一个女人成长的标签

那些价格昂贵的高跟鞋除了能给我们带来美丽之外，更是显示我们成长的标签。高跟鞋让姑娘们看起来漂亮。学穿高跟鞋走路，让姑娘们更好把握行事中的分寸。

翻微博的时候，看见有位博主发了一张自家鞋柜的照片，鞋柜里整齐摆放了十几双Manolo Blahnik、Roger Vivier的高跟鞋，配文是“女人一辈子最梦幻的鞋柜”。

但这条微博下除了少数的几个人在赞叹博主鞋子漂亮以外，大多数网友都在评论区用嘲讽的语气指责博主炫富，拜金等。最初博主还反驳几句：“不是因为贵，而是因为好穿，女人怎么着也得有双高跟鞋。”

但博主的回复反而激起了更多网友们的“讨伐”，评论区争论越来越激烈，话题竟然从几双鞋子飙升到当前社会女人的现实拜金主义上。不过短短一个小时，博主就迫于压力删掉了微博，关闭了评论功能。

这位博主真的有错吗？在这个拼颜值、拼高雅的年代，若是一个女人连双高跟鞋都没有，何谈有魅力？

我曾经有幸看过一位美妆达人的衣帽间，有用一整面墙摆放自己的高跟鞋，有 Prada 的厚底鞋、Louboutin 的小红底、Jimmy Choo 的水晶鞋、Chanel 的经典款，即便如此，逛街时若遇到喜欢的高跟鞋，她宁可选择多接几场活动，也得咬牙把鞋子买回去。

我问她："这么多双高跟鞋，还都是不同的种类，穿得完吗？"

她说："女人从来都不会嫌自己的高跟鞋多，不同的场合有不同的穿法。日常活动我只需要一双厚底鞋就行，款式更休闲，既长身高，也不会那么累。但若是需要参加正式场合，就穿 Chanel 或者 Ferragamo，若是参加聚会身上的礼服比较性感，那就穿 Louboutin 或者 Jimmy Choo，风情又有女人味。总之女人的高跟鞋，不同场合不同穿法代表了自己对生活的态度。"

很多姑娘都曾表示，穿上高跟鞋就像是一位姑娘完成了从小女孩到女人的成长，它能在很大程度上展示一个女人的气质和品味。

哪怕是日常打扮随意的姑娘，她的鞋柜里一定总是备着几双高跟鞋。平时球鞋、运动鞋来回换，但要到正式场合，一定会把它们请出来，化了精致妆容，穿上礼服、高跟鞋，走姿袅娜韵致，娉娉婷婷的风韵就吸引了一大波目光。

麦当娜说："给我一双高跟鞋，我就能征服全世界。"

女人脚下的高跟鞋在翩跹舞蹈中留下回响，踮起脚尖时更显身姿婀娜的韵味，试问哪个男人不钟情，哪个女人不羡慕呢？

作为追求美好的姑娘，在读书修炼灵魂的同时，也要修炼外表，将外表与灵魂完美结合，是所有姑娘的终极追求。

也有人质疑，不过是一双高跟鞋，100 元买一双也是穿两个月，几千元买一双也是穿几次，有什么区别呢？

电视剧《情深深雨蒙蒙》里有一个情景，依萍因生活窘迫到上海舞厅找工作，舞厅老板秦五爷在听完她唱歌后，决定签她当歌星，却被拒绝。旁边的经理觉得很可惜，但秦五爷却说她一定会回来。因为他看到了依萍脚上那双鞋底开裂的皮鞋，所以即使依萍表面装得再清高绝尘，依然被一双鞋子暴露了生活的窘迫。

有人说，“女人的高跟鞋最能体现她的气质、品味以及对待生活的态度”，一个女人过得好不好，都写在她脚下的鞋子上。

高中同学媛媛大学毕业后一直奋斗在相亲路上，也经历过几次恋爱，但都无疾而终。在她又一次相亲失败后，她对男方穷追不舍势必要问出一个理由来，男方也终于回答，因为觉得媛媛不会过日子。

我很疑惑，媛媛长相甜美，性格温婉，工作稳定，会烹饪懂投资，这样的经济适用女，怎么会被认为不会过日子？

直到前段时间，我将优质男同事张展介绍给了媛媛，才知道答案。一次两人约着去爬山，下山时媛媛的白色运动鞋鞋面上沾上了泥。张展本想给她再买双鞋讨她欢心，媛媛却说，洗掉就好。那一刻张展觉得媛媛太懂事了，内心甚至开始设想两人婚后的幸福生活。结果过了几天，张展约她到一家高档西餐厅吃饭，媛媛穿着牛仔裤和 T 恤衫就来了，脚下穿的还是那双白色运动鞋，更尴尬的是那块泥还在。

张展说：“一位对生活认真负责、追求美好的姑娘，一定会注重每一个细节，哪怕只是一双鞋，都是一种积极的生活态度，她懂得在不同的场合穿合适的衣服，绝不会允许自己鞋上有一块泥。”

其实女人在鞋子上的选择范围很广，平底鞋是舒适，高跟鞋是性感，运动鞋是青春，休闲鞋是情趣，小白鞋是流行。每一种都能代表我们对鞋子的实用性和装饰性的终极要求。

但穿一双没有污渍绝对干净的鞋子，是我们培养个人品味的第一步，不然再高档的鞋子都被看成是廉价的。

难道媛媛真的就没有其他的鞋子了吗？其实媛媛身边的朋友都知道，她特别喜欢买鞋，几乎每隔两周都会买一双新鞋。某次一位女同事咨询她：“媛媛，我刚搬了新家想去买个鞋柜，但不知道什么样的合适，你鞋子多，这方面肯定有经验，给我推荐一下吧。”

媛媛却说：“我家根本没鞋柜。”

同事很吃惊：“你那么多鞋，不用鞋柜不会弄得家里很乱吗？而且很容易落灰，打理起来很麻烦的。”

媛媛说：“我买的鞋都很便宜，几十块钱一双，穿穿就走样了，或者不喜欢就丢掉了，根本用不着鞋柜。”

媛媛觉得自己花很少的钱，就能经常穿新鞋子很划算，我却不这么认为。

要知道日常的物件，最能暴露一个人的生活品质。尤其是鞋子，真正能体现一个女人优雅的地方就在她的脚上。媛媛这样热衷购买便宜好看的鞋子，看似生活得光鲜亮丽，却不知这样划算的行为毁掉了生活的质感。

一个向往美好的姑娘，绝对不会降低对鞋子的要求，不会在鞋子上委屈自己。能穿一双好看的高跟鞋，对于一个女人来说是顶级的魅力。

从鞋子上能看出一个女人的未来，试想若当初辛德瑞拉丢掉的不是水晶鞋，而是一双粗糙而丑陋的布鞋，还能等来王子吗？女人一定要穿好鞋子，它能带你走向美好。

我当然也懂得，一双好的高跟鞋不仅昂贵，而且穿起来也并没有几十元的运动鞋舒服。那为什么精致的女人还要花费大价钱去买那一双双鞋子呢？

中午和闺密吃饭的时候，远远就看到她走路的姿态有些怪，走近了就明白一定是鞋子磨脚。到了餐厅她坐下来才发现，脚后跟处已经被磨破了，红红的一片。

她说："网购了一双新鞋，结果有些不合适，我在脚后跟贴了创可贴依然没什么用，大概是这双鞋皮质有些硬。"

我说："扔了吧，有的是好鞋等你去穿。"

闺密这双鞋只穿了一次，当然会觉得可惜，但是她下午还要去参加一场活动开幕式，这样的鞋子走路都费劲，自然是不行的。

这样尴尬又痛苦的事情，大概很多姑娘都遇到过，我们当然知道舒适的鞋子可能需要高昂的价格。但我们也知道会穿衣、化妆、打扮对于一个女人有多重要。

我们不抗拒以貌取人，因为这是社会的游戏规则。我们展示在别人眼前的一定是自己最好的一面，如果连这一点都做不到，又怎么可能让别人相信自己在别处能做的更好。

我们可以每天换衣服，却很少有人能做到每天换鞋子。若当你天天都能穿着一双好鞋的时候，就会发现周围人看你的眼光都不一样。

我们要走很长的人生路，所以才更需要一双好鞋。

因为那些价格昂贵的高跟鞋，除了能给我们带来美丽之外，更是显示我们成长的标签。高跟鞋让姑娘们看起来漂亮，学穿高跟鞋走路，让姑娘们成长，更好把握行事中的分寸。

如果你细心去看的话，大多数童话故事里的姑娘，在遇见王子时一定穿着一双高跟鞋，哪怕是美好的辛德瑞拉变出了南瓜车、美丽的衣服时，也不会忘记变一双水晶鞋。

别去妄想穿着脏兮兮的平底鞋就能遇见幸福，即使是那些公然表示最爱运动鞋的女星，在参加典礼时也一定要穿一双高跟鞋，这是对别人的尊重，更是对自己的尊重。

愿你不论是在星光璀璨的红毯上，还是在偏僻的乡间小路，都有一双合适的鞋子。愿你穿一双好鞋子，走向更好的自己。

第三辑

你的语言里藏有你的人生

别人常常通过一个人说出的语言定义她的形象，语言直接暴露了她的生活层次与态度。要颜值更要“言值”，说话的态度代表着一个人的素养以及处事的情商。

没人敢小觑语言的力量，会好好说话的女人不仅有处世的智慧，还有钻石般的修养。

摄影：曾泉

微表情比文字语言更真实

在聊天这件事上，我希望你多“表”一点“情”，也希望你多了解一下，每一个简单的符号背后，到底有多汹涌的情感。毕竟线上沟通最大的隐患，在于对方微信表情中的猜不透。

周末我正在家赶稿的时候，朱晓敲开了我家门，刚见面就把手机摆到我面前，说：“快帮我看看他是什么意思？”

我很纳闷，直到看了她的微信聊天记录后才明白，原来前几天朱晓通过相亲认识了一个男生，朱晓对他是一见钟情，对方虽然没有明显的说词，但离开时两人互相加了微信。

第二天当她终于鼓足勇气发了条消息给对方，那边却迟迟没有回音，大概一个多小时后，寝食难安万念俱灰的她，正准备删除对方的时候，手机振动了，她高兴地点开微信红点，内心想着“原来他并没有抛弃我”，结果对方只是回复了一个笑脸。

朱晓说自己在这边已经猜了快三个小时，一直不明白他发的笑脸是高兴呢还是不高兴呢？朱晓不停地抱怨：“为什么要出这些表情包呢？毕竟同一个表情包背后可能表达多重含义，大家回归纯文字聊天不好吗？”

事实上聊天背后的情感远比聊天的内容本身要重要，而真正会聊天的姑娘，无论是在生活中还是在微信里，她都更重视表情而非语言或者文字。

在社交平台上，各类表情之所以如此“得宠”，源于我们对屏幕对面那张脸的种种期待。

当占满屏幕的聊天界面，不是对方熟悉的眼嘴眉鼻，只有清晰可见却毫无感情的白底黑字。看不见情绪，猜不透心思。不能通过面部表情、肢体动作判断语言所要表达的信息；也不能通过语音语调、说话语气判断对方的情绪状态；所有信息只有一行又一行的字。如果生活是一部舞台剧，那文字聊天仅仅是在读台词。

同事曾跟我谈起她坚决抵制异地恋的理由：“我知道异地恋情侣常常是有感情基础的，而且因为见不到，双方很难因为话语间的一时冲动闹得不欢而散。但我总觉得异地恋是缺乏安全感的。又不能随时视频，所有交流都是那一行行消息，谁知道另一半在写这段话的时候，是在哭，在笑，还是在敷衍。”

因此，人们强烈地希望能有一种办法能够在文字聊天时表达出此时此刻的状态，并且能被对方准确地捕捉且理解，各类表情就应运而生。

表情的出现，让索然无味的线上聊天平添了几分人情味——简单圆脸，精辟神态，千言万语，一目了然。甚至，表情还唤醒了潜在的联想功能。

看到那一张张表情，我们便会自动代入对方的五官与性格，在大脑内完成了一次人物形象的3D重塑，想到那张熟悉的面孔，亲切感便油然而生，仿佛那些发表情的朋友，就在身边。

然而，表情带来便利的一切前提，是正确使用表情，读懂表情背后的“潜台词”。

朱晓虽然偶尔会在聊天中抱怨自己总得揣测各种表情的真实含义，但其实她的确很喜欢在聊天中加表情，她说有了表情，同样一句话就有了不同的含义。

前几天办公室张经理在朋友圈转发了一篇清华博士写的关于一线城市房价的文章，内容大致是“房子不重要，爱才重要”，并配的文字“一位清华博士提出了用爱来对抗高房价的观点，网友们都感动哭了，他们说这才是普通人该有的情怀”，文字最后他还配了三个微笑的表情。

一位同事评论道：“感谢分享，张总你是一个有爱的人，现在的年轻人的确太浮躁，少了情怀。”

张总对这条评论回复了个微笑的表情。

有个朋友评论：“老张，这都加了几遍水的鸡汤你也信？用爱感动房价，还有比这更不靠谱的吗？”

张总回复：“不靠谱的还真不是一般的多。”

显然，张总完全不同意“用爱对抗房价”的观点，他非常惊讶为什么会有这么多人支持这种荒谬的观点。但出于他的身份和修养，他不便明说，于是使用了一点轻微的反讽语气。

也许你会感叹沟通这件事，真是“只可意会，不可言传”，最终我能理解张总的意思，不是他的文字，而是他文字最后那个微信表情，在现实交流中，人与人见面微笑是一种基本礼仪，但在网络上，这种微笑可能有深层意思，比如：鄙视、嘲笑甚至讨厌。

因为根据微表情心理学，有人分析那个微笑表情其实是假笑，如果你仔细看此表情的眼睛，你会发现眼角附近的肌肉没有动。而嘴角的肌肉却抬高，同时眼珠往下，这是一种不友好甚至敌视的态度，用通俗的话说，这叫皮笑肉不笑。

实际上，表情设计者当初并没有这样的深意。但显然很多人，把生活经验带到了微信表情里，最终这个表情的意思就从基本礼仪变成了不认同。

在生活中，聊天是一种面对面的交流方式，双方在交流时，除了嘴巴在诉说语言之外，眼睛也会不断留意周围的气氛以及对方面部及肢体的微小变化。

如果对方发出肯定的气息，那么你只需要继续当前话题。如果对方发出了不耐烦或是不赞同的信息，你就要及时回避，否则这段关系会变得不友善甚至充满防卫。

但是在微信聊天中，并没有拔腿走人这种拒绝交流的方式，来明确表明自己终止对话的态度。类似“晚安”“我去忙”之类的终止语也不适用于所有情景，于是在聊天中人们会选择用另一种语言来鼓励或者中止一段对话，比如再见的微表情。

这种伪语境的塑造类似于生活中当你说话时，别人看手表一样，那只是一种礼貌提醒你停止该话题的肢体语言。

室友和男朋友阿丘长达五个月的异地恋，止于一个微不足道却高深莫测的微信表情。

当时室友心情不太好，于是，她主动去找阿丘聊天：“在干吗？”后面加了三个悲伤的表情。

发完这句的室友，辗转反侧了一整晚，没过多久就翻一下手机，生怕自己错过消息。

终于，第二天快中午时，她收到了来自男友阿丘的回复：“先不说了，忙去了。”最后礼尚往来回了一个微笑的表情。

室友看到消息，气得差点把手机砸碎在地。“发这个表情什么意思？嫌我烦了是吧？不爱我了是吧？”

于是一个简单的微笑表情，在两人之间引发了一场冷战，最后无奈分手终结。有时就是这样，我们用了几个月的时间去爱上一个人，却因为一个微信表情，就说了再见。

这是一个表情最丰富的时代，这也是一个表情最单薄的时代。拥有了手机，人们就似乎拥有了一切，似乎也一无所有。

其实世上人千万种，即便你遇见再多的人，也不及一人懂你，知你，信你，跟他在一起，你们远近相宜，不咸不淡，不离不散。

我不会因为你不回我的信息，就中断了对你的爱，因为我体谅你的苦你的累，也体谅你心中不便与人说的难言之隐。

我不会因为你偶尔的简单回应或者不回应，就质疑你对我的爱，因为我知道你只是被现实暂时拌住了脚。你做的不够好，我不怪你。

微表情那么多，但最美的表情不过是你及时回复我的那一个。

所以在聊天这件事上，我希望你多“表”一点“情”，也希望你多了解一下，每一个简单的符号背后，到底有多汹涌的情感。毕竟线上沟通最大的隐患，在于对方微信表情中的猜不透。

让你的语言配得上你的身份

好姑娘不会让自己成为语言的奴隶，她说出的每句话都像是沙漠里盛开的花。

我们身边总有一些这样的姑娘，她们化着精致的妆容，背着不同款式的名牌包，身上每一处细节似乎都在宣示着自己的身份，但不能开口说话，因为会第一时间暴露出自己的浅薄。

那些所谓的网络语言正在一点点蚕食你的语言结构。

知乎上曾有网友提问：“你是在什么时候发现多读书的好处的？”

被点赞数最多的回复是：“当我和另一位姑娘一起看夕阳下美景，看到夕阳，看到高山，看到大海，看到夜幕下不停翻卷的浪花，对方说出‘落霞与孤鹜齐飞，秋水共长天一色’，而我想了很久只说出一句‘真的好美’时。”

在这个网络大时代，我们越来越习惯在碎片化的时间里接受碎片化的知识。我们会追逐网络流行语，会借用这些语言进行娱乐。从趣味性上而言，网络流行语的确是生活中的调味料，但从本质上而言，它却悄无声息地转变成大众生活语言的主体，让我们的语言变得看似有趣，实际上却更加单薄。其结果就是一切公众话语逐渐成为娱乐的附庸，丧失深度思考的能力。

所以，如果你想提高表达能力和思考能力，那么第一步，就是多看一些严肃的文本，少看这些乱七八糟的热点词、流行词、网络用语。

大多数网络流行语，除了让你变得低幼化、情绪化、直觉化，没有任何作用。它们是深度思考的大敌。

我们日常接触到的各种语言，也在潜移默化地对我们产生影响，塑造着大脑。它们会改变我们认知、思考和表达的方式。

而大多数网络语言恰恰都有这样的特点：通俗、浅薄、低幼。否则它就难以被大众所接受，也就流行不起来。

一定会有人反驳说："语言是在不断往前发展的，被人民接受的网络语言，终会成为'主流'。我们应该接受它，而不是故步自封。"

我承认这个观点的正确性，我们当然不应固守一套话语体系，而是要不断去活化它的生命力。

但网络语言并不属于这一类，因为它们的生命实在是太短暂了。那些网络流行语如昙花一现般，瞬间火了起来，又很快衰亡。

这样的语言反而是深度思考的大敌，它们不仅不会丰富你的语言体系，反而会让你的语言变得浅薄、低幼化。

不久前我们在群里聊天，有一个男性朋友说，自己昨天在健身房遇见一位长得很好看的姑娘，完全是自己喜欢的类型，他决定一周之内追到她。

有人在群里起哄，说他是吹牛，结果朋友说：“我昨天和她聊天，她三句里就带一句脏话，肯定很好追。”

曾经网络上有句话很流行：“我抽烟喝酒说脏话，但我是个好姑娘。”

所以，爱说脏话在生活中到底是率性的表达，还是素质教养差的体现?

还有人会问到这样一个问题，“你愿意和说脏话的女生做朋友吗？”

有人说，说脏话能有效避免社会暴力的发生，它是最和缓的缓解内心躁动的一种方式。

曾有一项研究发现：“脏话和咒骂更像是一种有着情绪成分的活动和动作，它们根植于人的本能。所以也就不难理解，当理智失去控制时，脏话为什么会轻而易举地脱口而出了。”

于是有人认为只要不处于公共场合，适当的脏话有时反而会营造和谐的氛围。但果真如此吗?

试想一下，如果你面前站着一位妆容精致、身材妖娆的美女，她一张嘴说出的不是吴侬软语，或者情意绵绵的话语，反而是各种粗俗的语言。这种破坏力丝毫不弱于她一张嘴露出沾着韭菜叶子的黄牙。那一刻，你脱口而出的粗俗的语言，只会浅薄了你的人格。

生活中我们没少碰见这种人，你跟他讲个笑话，他早听过了，你跟他说个新闻，他早知道了。而且他的答复后往往还跟着一句脏话。

事后他还来问你：“你怎么不爱和我说话啊？”

你内心很无奈吐槽：“我不想再去听你说语言暴力。”

其实说脏话是你语言系统很浅薄的表现，才华虽然是装在心里的，但会通过你的语言流出。

我们所使用的语言，就是一个标签。它不但表达了我们的态度、内容，同时也在传达一个信息：我们是什么样的人，属于一个什么样的群体中。

通过语言，一方面，强调群体的共性；另一方面，强调群体间的差异，来进行表态和获得反馈。而这一切往往并非出自我们的主观意愿，而是受到环境和语言影响的结果。

那些浅薄的语言也正在借着你完成自身的存在，更重要的是，它会不断地改造你。所以当你想成为什么样的人，想获得哪一类群体的认同时，就要使用相同的语言。

我们的日常生活、工作中，无时无刻不在被各种浅薄、通俗、低幼的信息和语言所包围。要想不被同化，最基本的方式，就是尽量不看它们。

在生活中，我希望大家能够多读一些严肃的文本，少用乱七八糟的流行语。

同时我们需要不断优化自己的语言系统，学习并了解对方的语言方式和规则，站在为我所用的角度，去主动优化和运用。这样可以提高信息密度，减少沟通的成本。

最核心的还是这句话：要保持对语言和思维的主动性，不要被它们反过来所影响。好姑娘不会让自己成为语言的奴隶，她说出的每句话都像是沙漠里盛开的花。

小孩子说话才看心情，成年人要懂礼节。我希望每一位姑娘说出的话都能配得上自己的身份。

如何高品质地婉拒别人

每个人都希望获得别人对自己的赞赏，赢得别人的尊重，但是不会拒绝，一味地讨好别人，最终只会换来精疲力竭。不要不好意思去拒绝，毕竟有些人正是看中了你的心软善良，所以才总是提各种要求。而你竭尽全力的帮助换来的不会是感恩，反而是背后对自己的轻视。

好友真真最近辞职了，原因是她终于胜任不了繁琐的工作，无奈选择放弃。事实上真真的工作原本很简单轻松，至少不至于麻烦到需要一周五天加班到晚上九点。但因为她实在不善于拒绝别人，哪怕自己累得筋疲力尽，在别人寻求帮助时也不想看见别人失望的表情。于是办公室老好人做久了，最后自己崩溃了。

真真刚进那家上市公司当实习生，很是开心了一阵子。但入职以后她发现公司里全是211、985的研究生，而她只是一所普通院校的本科生，学历在整个办公室属于垫底。若说技能，她只在原来的小企业做过几万元的策划案，新公司动辄几百万的项目她想都不敢想。

她十分沮丧，害怕被公司的同事瞧不起，担心过不了实习期。于是作为一名职场新人，她把自己看得很低，只要同事有求于她，不管自己是不是有时间，心里是不是愿意，都会答应他们的请求。

有时候，明明她的工作已经堆到需要加班，但只要同事一句话，哪怕只是需要去复印一份文件，倒杯咖啡，她都不会拒绝，放下工作去帮忙，然后再利用加班来完成自己的工作。

每次给同事帮完忙，对方对她总是万分感谢，夸奖她人好，做事伶俐。于是她沉浸在这样的认可和满足感中，不去计较因帮忙而被打乱工作节奏后产生的各种麻烦。

有一次，项目组遇见了比较麻烦的事情，大家都不愿意接手，于是当同事问真真能否帮忙完成时，她不假思索的答应了，虽然最后得到了同事的夸奖，但那份额外的工作让她整整熬了三个晚上。

虽然很累，但真真会安慰自己就当多学习了一项职场技能。有时候真真也会在心底窃喜，她认为自己爱好帮忙，一定拥有办公室里第一好人缘。直到有一天，她因为熬夜帮同事整理一份报表里的数据，导致第二天开会时精神不振被经理点名批评，而那些同事没一个出来为她解释。

她觉得很委屈，但这些并不算完。会议结束后经理单独将她留在办公室，对她说："你最近工作效率太低了，明明很简单的一份工作却不能第一时间完成，而且经常性的加班，令人不得不怀疑你能力不足，继续这样下去，很有可能会影响你转正。"

真真解释说自己不是效率低，也不是能力差，只是因为多了很多额外的事情需要做，比如帮同事复印资料，下楼取快递，校对文件等。

真真以为自己解释过后，领导会明白她工作进度缓慢的原因，会赞同她帮助同事的行为。

谁料想经理却说："职场上每个人都有自己的本职工作要完成，你在做完属于自己的工作之前竟然还会做那么一堆无价值的事情，依然证明你能力不足。"

那一刻真真觉得自己委屈极了，她再也受不了每天做一大堆不属于自己的工作，于是她选择了辞职。

其实职场上，类似真真这样的姑娘并不少见，她们总因为各种各样的原因希望获得同事的认可，于是把别人的需求摆在第一位，即使那样可能会损坏自己的利益，也不能勇敢地对别人说"不"。

这样的姑娘在别人寻求她的帮助时，她会在几秒的时间进行一连串的心理活动，担心自己拒绝后对方会生气，会伤害两人之间的感情，而自己也会被贴上"淡漠、自私"的标签，然后几番思量后，最终还是会选择答应。

所以她们总是会忽略自己的真实想法，对任何人的任何请求都统统答应，最后导致自己生活一片混乱。

三毛说："不要害怕拒绝他人，如果自己的理由出于正当。当一个人开口提出要求的时候，他的心里根本预备好了两种答案。所以，给他任何一个其中的答案，都是意料中的。"

所以，不要害怕去拒绝别人，你总得先学会关心自己，才能获得别人的关心。

每个人都希望获得别人对自己的赞赏，赢得别人的尊重，但是不会拒绝，一味地讨好别人，最终只会换来精疲力竭。

所以不要不好意思去拒绝，毕竟有些人正是看中了你的心软善良，所以才总是提各种要求。而你竭尽全力的帮助，换来的不会是感恩，反而是背后对自己的轻视。

也不要害怕因为拒绝而失去友情，因为真正的朋友一定懂得你的不易，更懂得适可而止。你没必要事事都顺应别人，学会拒绝是一种智慧。高品质的拒绝既不会损害两人之间健康的人际关系，也有利于保护自己的底线。

不会拒绝的人因为总是害怕得罪别人，于是把别人的问题转嫁到自己身上，搞得自己精疲力竭，不堪重负，最后只纵容了别人的自私。

有时候拒绝反而是为了原则，不让别人对自己抱有过高的期待值，也不去培养别人一直索取的习惯。因为越不懂得拒绝的人，在别人的眼里也会越来越没地位没价值。

聪明的姑娘在最开始就会树立起自己的原则，该拒绝的毫不犹豫的拒绝。这样当别人来寻求时，内心的期待值便会下降，此时即便姑娘以种种原因拒绝，也不会让对方感到失落从而埋怨你。

当这项原则标杆建立起后，你就能从人情世故中获得解脱。那些会影响你正常生活与工作的帮忙，你才能顺理成章的拒绝。

无论在生活中还是职场上，作为社会人我们不可避免的会遇到别人请求帮助的时候，但帮助别人的前提是考虑清楚，这些额外的事情会不会影响自己的正常工作，会不会消耗自己太多的时间和精力。然后在自己力所能及的范围内帮助别人。

无论工作还是生活中，我们首先需要做的是竭尽全力完成自己的分内事情，然后再去帮助别人。在日常交往中，提前亮出自己的底线，让对方知道你的原则是什么，这样即便最后可能会被拒绝，也不会特别失落。

其次在拒绝别人时，我们可以适当解释一下理由。绝大多数人不敢拒绝其实是害怕被人质疑自己是一个自私的人，所以在拒绝别人的时候，不妨说一下理由，让对方感受到你拒绝背后的无奈。

比如我有一位朋友做微商，前段时间她让我帮忙拉她进一些微信群。基于朋友之间的友情，我并不好意思拒绝，但事实上我所在的微信群又很反感群发广告的行为。

所以最后我还是拒绝了她，但同时我也很干脆地表明自己的微信群全都是一些工作上的客户，不方便私自邀请好友加入，如果再遇到其他事情我还是很愿意帮忙的。这样的拒绝既不会让朋友觉得自己很自私，也避免了她下一次继续为这件事情找我。

朋友阿美今年 25 岁了，是个很温柔的姑娘。大学毕业后身边就总有人帮她介绍相亲对象，男方的工作从社区保安到地产销售员，年龄从 22 岁到 30 岁之间都有。不到一年的时间里，相亲对象见了有几十个人。

我和阿美说，以后若再遇见给安排相亲的，一定要先问清楚对方的各种条件，基本情况双方都满意后再见面，免得总是谈不成对她影响不好。

阿美却有些尴尬地回答：“那样不太好吧，毕竟别人给我安排相亲也是一番好意。”

此后阿美还是凡遇相亲必去，哪怕在未见面前她就察觉出两人之间的不合适，也一定要等到相亲结束后再拒绝。

阿美以为这是自己对媒人的体贴和尊重，直到某次下班途中遇见曾经给她安排过相亲的媒人，听那人对着电话那头谈论起阿美，说她太挑剔，快见了一百多个男生了，竟然还没看上一个，怀疑阿美心理有问题。

那一刻阿美才终于相信，原来自己的体贴只是一厢情愿，自己的不好意思拒绝换来的竟是别人对自己的轻视。

毕淑敏在谈到拒绝的时候说："拒绝是一种权利，你那么好说话，又有谁能体谅你？"

生活本就不容易，很多时候，你舍弃了自己宝贵的时间，却被那些利用你善良的人们压榨，于他们而言，你所做的事都不值一提。所以，不要太乖，不想做的事可以拒绝，做不到的事不要勉强，先温暖自己，再拥抱他人。你的人生不是用来讨好别人，而是善待自己。

善意下的“恶言”同样伤人

总有人喜欢把“忠言逆耳”挂在嘴边，然后将所有的语重心长都用来教育别人了，不在意别人是否认同，不管对方听完作何感受。

总有一些姑娘用心直口快标榜自己的“毒舌”。殊不知有些话说出来就像是一把刀子，分分钟能把你们的闺蜜情砍出一道道跨不过去的深沟，再也无法愈合如初。

周末的时候，公司组织团建活动，休息的时候瑶瑶走过来问我：“李姐，你有男朋友吗？”

我回答：“没有，怎么了？”

谁知瑶瑶接下来用很不可思议的语气说：“李姐，你28岁了吧？竟然还没有男朋友！”周围的同事几乎全随着她这句疑问看了过来，而我只能尴尬地坐在那里微笑。

我以为这个话题会随着我的沉默结束，却没想到在接下来的休息时间里，瑶瑶坐在我旁边和我讲了一箩筐的“女子婚嫁指南”。

其实我从来没觉得自己28岁依然单身有什么问题，我想要的东西能自己买，想看的电影能自己去看，想吃的食物找个时间也能独自前往。而且我一直坚持“只有该结婚的感情，没有该结婚的年龄”的观点。

但似乎瑶瑶并不这么认为，团建活动结束后，瑶瑶隔三差五就要给我介绍相亲对象，我婉转拒绝她，说自己最近工作比较忙，还没做好结婚的准备。

她说：“你眼看就要30岁了，再不抓紧就真的晚了。”

我说：“最近工作比较忙，没有更多的精力去认识陌生的男人。”

她说：“女人这一辈子最大的事业就是结婚，嫁个有钱的男人，让他养你，活得也不必这么累。毕竟职场不是女人厮杀的战场，家庭才是。”

我说：“婚姻得看缘分，早一秒晚一秒都不行的，急不来的。”

她说：“爱情都是骗小女生的，我都不相信了，李姐你不会还信吧。婚姻其实就是一场交易，彼此双方从学历、长相、家庭等各个方面相互比较，当自己和对方势均力敌的时候，就是敲定这项交易的时候。”然后她还从网上找出来一条“34岁美女学霸到相亲角体验，却受尽群嘲，不仅被歧视为嫁不出去的剩女，更被形容成‘郊区房’”的新闻给我，最后她还指着视频中的姑娘和我说：“我觉得这个观点很对呀，30岁以后的女人的确就像是郊区房，虽然新，但是好的男人并不会花钱买，所以李姐你一定要趁着现在年轻赶紧结婚，否则以后你的身价会极速贬值，二婚三婚的你都得挑别人挑剩下的。”

结束的时候，瑶瑶还甜甜地对我笑着说：“李姐，我说这些你不要生气哦，我这都是为你好呢。”

我给她回了句“谢谢”，然后悄悄在心里把她放进了“黑名单”。

生活中像瑶瑶这样的姑娘其实并不少，她们总是说着各种刻薄的语言，等你被刺激得快发火的时候，她们温柔地补一句：“我是为你好，不能生气哦。”硬生生将你的怒火堵回去。

朋友安安就是这样，喜欢用“心直口快、热心肠”来形容自己的性格，殊不知她有时候的行为其实让人很反感。

比如某天我们约好了聚会，刚一见面她就指着另一位姑娘说：“你为什么要穿白衣服呢，这样显得你皮肤好黑呀。”

逛街的时候，一个姑娘试穿了一条牛仔裤，她跑过去说：“你腿那么粗，穿这样的紧身裤就像是一根巨型萝卜一样，特别丑。”

休息的时候，一个姑娘说自己打算和男朋友订婚了，我们纷纷表示恭喜的时候，安安问：“你们买房了吗？婚后婆婆会和你们一起住吗？”

姑娘说自己和男朋友商量好了，婚后两人攒钱付个首付，然后一起慢慢还房贷，等新房装修好了，再接婆婆过来一起住。

结果安安一听这个，整个人都变得很激动，她说：“你是不是傻？不趁着婚前让男朋友父母全款买了房，婚后还要主动和婆婆一起住，未来你得还二十年的房贷，有了孩子还得负责教育孩子，婆婆老了还得照顾她，你这不是结婚，是把自己当成一个保姆嫁过去了呀。”

姑娘忍不住了，说了她一句：“婚姻是双方感情的结合，又不是去菜市场买菜，你既然把婚姻看得这么通透，我看你以后会嫁给谁。”

话音刚落，我就看到安安的眼泪往地面上砸，结果弄得那位姑娘很尴尬，只能转头和她道歉。

安安边哭边说：“我这不都是为了你们好啊，别人我才不关心呢。”

安安总是这样，打着“忠言逆耳”的借口来伤害着别人。嘴上说着“我是为你好”，但是实际上却不遗余力地往别人心口上捅刀子。

“你腿太粗，屁股太大，还敢穿短裙呀！”

“你男朋友又矮又穷又丑，根本配不上你！”

“你未来婆婆一看就很难讨好，你嫁过去就等着受罪吧！”

“你的梦想太不实际了，还是醒醒找个男人嫁了吧，别折腾了！”

“这个男的虽然是离异，但有车有房呀，你都快30了，再挑下去就真的老了。”

“我这都是为你好，别人我才懒得说呢！”

总有人喜欢把“忠言逆耳”挂在嘴边，然后将所有的语重心长都用来教育别人了，不在意别人是否认同，不管对方听完作何感受，上来就是“我说句话你别不爱听啊，我都是为你好”，紧跟着就要开始全盘否定你，打击你，你还不能生气，否则就是玻璃心。

总有一些姑娘用心直口快标榜自己的“毒舌”。殊不知有些话说出来就像是一把刀子，分分钟能把你们的闺蜜情砍出一道道跨不过去的深沟，再也无法愈合如初。

明明是一句挺好的话，为什么非要夹枪带棍地表达出来？明明是真心诚意的关心，为什么却变成了撒在伤口上的盐巴？你说出的话我都懂，但还是会感到心里不舒服。

我曾在地铁上见到一个小姑娘哭得悲痛欲绝，身边的朋友劝她：“我早就说他就是一渣男，那时候你眼瞎了，还喜欢他，你是不是傻？”

结果那个哭的伤心的姑娘愤恨地看了朋友一眼说：“你才眼瞎了，你才傻！”

或许那个姑娘是明白的，但她们所处的角度不同，看到的人也不同，朋友现在口中的垃圾，曾经被她视若珍宝。她现在的伤心难过，需要的是柔声安慰，而不是尖酸刻薄的嘲讽。

我不会对一个努力追求梦想的20岁姑娘说：“别白费力了，你这梦想不可能实现的！”

不会对一个对爱情怀揣美好想象的姑娘说：“爱情只是一场荷尔蒙的分泌，真正的婚姻还是看房子车子票子！”

不会对一个被男朋友抛弃的女生嘲笑说：“你脑子进水了吧，为了一个渣男折腾自己。”

不会对一个心底渴望变好的姑娘说：“认命吧，女人不都是这样一辈子吗？”

人都是希望受肯定，受尊重的。

如果安慰的人在自我陶醉，从被安慰人那获得一种“毒舌”后众人皆醉我独醒的快感，反而会让别人产生逆反心理。

我们总是喜欢去讨伐那些口腹蜜剑的人，然后沾沾自喜，满脸自豪地说“我只是刀子嘴豆腐心”。殊不知，有时候语言上的伤害要比行为上的伤害来得更猛烈。

我们总是喜欢用“我是为你好”这样的理由，来掩饰自己的“毒舌”。但既然已经是豆腐心，为什么要“刀子嘴”？你一味地嘴上刻薄，又怎么能责怪别人的不识好人心？

做一个温柔的好姑娘，从好好说话开始。

你对别人春风和雨，别人自然回报你冬日暖阳。大家都需要朋友在一旁给予自己正确的意见，携手一起度过一个又一个坎。但为什么不换一个更加柔和的表达方式呢？

有时候“毒舌”并不能给你带来“直爽可爱”的好姑娘人设，反而会让人给你贴上“尖酸刻薄”的标签。

好姑娘还是要克制“毒舌”“我是为你好”这样的理由，这些理由不足以弥补你刀子语言的伤害。

要知道，尊重是克制，“毒舌”是放肆。那些善意下的“恶言”同样伤人。

恰到好处的沉默也是一种语言

当别人自嘲的时候你可以选择夸赞，可以调侃自己，甚至可以去沉默，但一定不要去附和。倘若你把别人的自嘲当了真，尖酸刻薄地去附和，只能显出自己的浅薄。

过完假期回来上班，办公室的几位小姑娘趁着午休时间聚在一起分享假期里的趣事，文轩一边兴高采烈地聊着假期里吃到的家乡美味，一边感慨："每逢佳节胖三斤，七天小长假我胖的岂止三斤，脸都大了两圈。"

别的小姑娘纷纷调侃她："没有啊，哪里有长胖，明明刚剪了短发让你秒变美少女啊。"

"你看你脸都瘦了，出门旅行运动量大，你比之前还瘦了吧。"

"放假前不停地加班，虽然瘦但很憔悴，现在才是标准的鸭蛋脸，很有古典美呢。”

“我觉得你不仅没长胖，气色还变好了，满脸都是胶原蛋白。”

几位姑娘顷刻间就让文轩对自己变胖的那点儿怀疑烟消云散。岂料，这时肖云经过听到文轩几个人在讨论过年长胖的事情，不明状况就附和地说到：“过年大鱼大肉地吃怎么可能不长胖，我觉得你脸还行，虽然圆点，但更有福气相，就是腿明显变粗了，要准备减肥了。”

前一秒还心花怒放的文轩，一下子被肖云的话惹得不开心了，气鼓鼓地回了一句：“你还是看看自己肚子上的赘肉吧。”

一句话说出来，整个办公室都突然静默了一下，肖云也很尴尬地站在一边，想生气但又觉得是自己先说对方胖的，可是心里还是很委屈，明明是文轩先说自己长胖的。

肖云不懂，有时候别人的自嘲看上去是自我调侃，其实是在掩饰内心的焦虑和不安。因为害怕别人主动用这件事来攻击自己，索性用自嘲的方式来降低别人对自己的期待。她们的自嘲背后，隐藏的是希望别人发出不赞同自己的声音，本质上是另一种寻求对方夸赞的方式。

我曾在知乎上看到过这样一句话：“当我说自己哪里长得不够美时，说自己腿粗腰圆屁股大时，说自己在哪方面不如别人时，你千万不要附和我说的话，即便你认为那是事实，也请你对我说‘没有啊，我觉得你很美，你一点儿也不胖，你这样的身材刚刚好，你和她都很优秀’。如果你真的难以夸赞我，那也请你在我自嘲的时候保持沉默。”

自嘲更像是一种保护色，它的目的是维护自尊，若旁边倾听的人给予附和，这些自嘲就变成了可怕的“事实”，精心维护的自尊也变成了玩笑。所以当别人自嘲的时候，你千万别附和，而是先保持沉默地倾听，然后再给予自嘲者想要的安慰。

许多人在聊天时只注意自己讲话的内容，希望自己的语言能妙趣横生，在聊天时化身段子手搏得大家的喜爱，这是人类的天性。但情商高的姑娘真的不只是会说话，还会倾听。在倾听中给别人关注，也倾听别人的弦外之音。有时候擅于倾听，也是一种能力。

小帆前几天去相亲，上班后办公室同事问她男方条件怎么样？小帆摇摇头说："吃完那顿饭我就拒绝了。"

有人问她为什么，是对男方长相不满意还是对他的物质条件看不上。小帆很认真地回答说："都不是，他是一个干干净净的男生，我还蛮喜欢他的长相的，至于物质条件，他在国企上班，工作稳定，家庭条件也不错。"

同事更好奇了，问她，"那为什么拒绝？"

小帆回答："因为在吃饭的过程中，对方一直说个不停，而且他说的每一句话都是以"我"开头。比如我做什么工作。我买了房子。我买了车。我想要一段什么样的婚姻。我希望以后能过什么样的日子。"

小帆说："我承认他很优秀，但也不需要全程宣传呀，不像是相亲倒像是做一场交易，说出自己的优势，然后抬高身价。"

想想也是，有时候适度的沉默，才是最好的表达方式。不是只有会说话，才能叫高情商。一个令人舒服、放松、愉悦的倾听者，远比一个夸夸其谈貌似占据上风的演说家会收获到更多的真情和真意。

情商高的姑娘在懂得倾听后，才能明白有时候别人的自嘲也是一种自谦。

办公室的阿惠上个月接了一个城市公益骑行比赛的宣传方案，那是这个季度的重点项目。从接了那项工作开始，阿惠就带着自己的团队从市场分析到现场试验，全程跟随，尽心尽力想把每个环节都做到最好。不负所望，那场活动最后办得很成功，也在全市范围内获得了好口碑，阿惠的能力受到领导的肯定。

月终总结的时候，同事纷纷恭喜阿惠，夸赞她能力出色。阿惠在感谢大家时，也表示多亏了大家群策群力，才把工作做得这么出色。

后来为了活跃气氛，她开玩笑地说："当时竞标这个项目时，我只是想着碰碰运气，没想到我们的运气这么好，活动办得这么顺利，也多亏我平时没少抱佛脚呀。"大家听了也只是哈哈大笑，只有肖云在旁边附和着说："这次的活动虽然很成功，但的确和好运气是分不开的，我听说当时为了这个项目，全市最大的那家广告公司也参与了竞标，最后还是咱们拿下来了。"

坐在肖云对面的同事，脸瞬间就不自然了，阿惠的脸上也有了异样的表情。大概几秒后，领导出面约定了晚上聚餐的时间和地点，这场尴尬才结束。

事后肖云还在办公室嘀咕说自己讲的也是事实呀，怎么现在的人都这么好大喜功呢。

她当然不知道，阿惠自嘲运气好是一种自谦的方式，而她说运气好，就是想当然地抹杀了别人的努力。

行走职场，我常常告诫自己：在别人自嘲的时候，一定不要随意附和，因为当自己不了解实情的时候，还急于表达自己的观点，反而是浅薄的表现，很容易就沦为别人的笑料。

有时候那些爱自嘲的人反而是很优秀的人，她们的自嘲是为了让自己不至于在职场上锋芒太露，是为了削弱个人能力，强调团队协作。

有时候自嘲也是为了缓解别人尴尬的一种手段。

我的好友燕子是一个惯于自嘲的姑娘，她长相甜美身材姣好，工作能力也很优秀，却很注意考虑身边人的感受。

那天她们单位来了一位新的实习生，小姑娘长得憨憨的，身材有些微胖。中午吃饭的时候，有同事见她竟然吃了两份工作餐，就用开玩笑的方式说："你得控制饮食啦，要是再横向发展，就能抵得上你燕子姐两个了。"

那位同事其实也并没有什么恶意，只是为了帮助小姑娘拉近和大家的距离，但还是让她很尴尬。

这时燕子笑着说："我也觉得自己得控制饮食了，要不然到了夏天你们发现我其实把赘肉都隐藏在衣服下，破坏了我在你们心中的女神形象就不好了。"

于是同事纷纷调侃，大家其实早已看穿了她女汉子的真实面目，一场尴尬的对话就这样化解。

自嘲演化成一种很好的社交技巧，让人放下戒备，打通交流的壁垒，获得别人的信任。别人自嘲，自己调侃自己，不管是自黑，还是幽默，是怎么样都可以的。但如果你去附和，就成了揭短，是双商低下的表现，既不幽默，也失了风度。

所以当你身边有人自嘲的时候，你可以选择夸赞，可以调侃自己，甚至可以去沉默，但一定不要去附和。倘若你把别人的自嘲当了真，尖酸刻薄地去附和，只能显出自己的浅薄。

在职场中，好姑娘不仅要会说话，还要善于倾听。因为你永远不知道别人自嘲的背后是自谦还是为了掩饰自己的短板。但无论怎样，你千万不要去做那个揭别人伤疤的人。

高情商的女人会说话

你说出的话就像是你的第二张脸，只不过它能更直观而深刻地暴露出被隐藏在外表下的，更深层次的你。你的言语就是你的为人和思想的水平。

在知乎上看到这样一句话："美貌或许是先天的，但会说话是女人的武器。"也经常听到关于姑娘这样的观点："你想要了解一个人，最好最快的方式就是去和她聊天。聊天最能看出一个人的性格和层次。"一个姑娘情商高不高，听她说话就知道。

我有个朋友小夏，大学毕业后体重开始有些不受控制，她自己很是忧心，也做了很多尝试去减肥。

她的一个同事，两人平时关系还算好，中午大多数时间都在一起吃饭。

不知道从什么时候开始，这位同事吃饭的时候提醒小夏：“小夏，我感觉你这几天好像又胖了，你少吃一点吧。”

小夏最初觉得，这个同事还挺贴心的，还考虑晚上去健身房的时候一起叫上她。若是关于肥胖的话题能到此结束，也许小夏和这位同事还能成为闺密。

可没曾想，这同事天天吃饭都说：“小夏，你少吃点，你是真的胖了。我是为了你好，你不知道，医生说体重过于超标很容易引起身体各项机能衰退的。”

她说这话的时候，小夏其实已经减重好几斤了，只是体型上不可能一下瘦下去。

小夏为了避免尴尬，吃饭的时候就约了其他同事一起，这位同事完全没有意识到情况不对，依然到点就追着小夏去吃饭。

原来的两人行变成了三四人，小夏心想这么多人她不至于还说吧。

事实上，这位同事完全没有顾忌到这些，吃饭的时候依然笑嘻嘻地继续提醒小夏“你该减肥了。”

小夏当场什么也没说，吃了一点就走了。事后小夏再也没和那个同事一起吃饭。

我们常常对人说：“你别跟人一般见识，她就是这样一个人，刀子嘴豆腐心。”

但我们也忽略了，语言也是可以形成冷暴力的，当你嘴里伸出刀的时候，对面的人就已经受伤了。

《增广贤文》里有句话说得非常好，“良言一句三冬暖，恶语伤人六月寒。”一个真正情商高的人，她应当知道，口吐刀子必伤人。所以，真正情商高的人，说话从不口无遮拦。

办公室小刘新交了个女朋友，单位聚餐的时候她也来了，聊天的时候小刘无意中夸了别的女生一句，那一刻所有人都抬头看他，结果，他女朋友淡淡说道："那又怎样，她男朋友又没有我的帅。"

就这样一句话瞬间活跃了气氛，在夸赞自己男朋友的同时，也云淡风轻地抬高了自己。

高情商的姑娘就是这么会说话。相反若是不会说话，再漂亮的皮囊也拯救不了骨子里的无趣。

我的堂弟追到了公司漂亮的实习生，朋友都打趣堂弟有艳福。却想不到两个月他俩就分手了，而且是堂弟主动提出来的。后来跟他聊天，我才知道这其中原委。

刚恋爱的时候，堂弟表现的很主动，总是会积极去制造话题，但女朋友的回应却很冷漠，常常是堂弟发了一百多个字，对方迟迟回了一个"哦"。

这种言语上的敷衍让堂弟感觉女友并不在乎自己，于是一个多月后，他主动解除了这段感情。

张萍总是喜欢反驳别人说的话，无论别人提出什么观点，她都要从对立面提出反驳，她始终要在言语上胜过别人。

她的逻辑思维很强大，口才也很好，所以常常都能驳倒别人，张萍为此一直很骄傲。她觉得自己拥有一项了不起的技能，却没发现自己在办公室的人缘越来越差。很少有同事主动找她聊天，甚至只要她在办公室，大家都减少了讨论。

张萍不知道，真正高情商的姑娘，知道言语上战胜别人是无意义的，有效沟通才是目的。在无谓的问题面前，没必要一定分出输赢。

没人喜欢被质疑和反驳，没人喜欢被逼着认输。没必要强迫别人同意你的意见，把闲聊变成不欢而散的争吵。“语欲胜人”是自绝于他人，那些高情商的姑娘，总会给人留一个台阶下。

招人喜欢的姑娘，可能并不是多么貌美明艳，但和她们聊天会很愉悦，她们不总是以自我为中心，而是会把别人放在心上。

情商高的姑娘，懂得在什么场合说什么话才是最得体的方式，她们永远不会因为别人的影响而不分场合地说出闲话。

十一长假的时候，大家在微信群里商量聚在一起玩三国杀，有一位男同事说：“我超级会玩这个游戏哦。”

群里另一位姑娘回复：“哇，这么厉害，明天聚起来玩几把，教教我呀。”

但我知道，这位姑娘玩三国杀至今无败局。但她在聊天中把主语从“我”换成“你”，让对方也有表达的空间和权力。

情商高的姑娘相对于诉说，她们更擅长倾听。在别人说话的时候，张开耳朵，给予对方尊重。

她们也分清场合身份，不会乱开玩笑。她们不会打着“耿直”“心直口快”的幌子去肆意评价他人，懂得尊重比什么都重要。

她们不会到处释放负能量。我们身边总是会碰到一两个负能量满满的人，她们可以因为任何一件小事而抱怨，从抱怨天气到抱怨社会，抱怨自己运气不好。

说话是每个人的本能，但会说话才是一种本事。想要学会在合适的场合说出适宜的话语，我们首先要学会的就是倾听。学会倾听他人说话，学会真诚地赞美他人。

少说一些抱怨的话，不要成为别人眼里的负能量发散器。充满负能量的姑娘，行走中就仿佛自带阴霾天特效，会让人不自觉的避而远之。

我曾认识一对夫妻，结婚三年后无奈选择离婚。丈夫说自己再也受不了，每天回家后首先面对的不是温馨的家庭，而是妻子的抱怨和唠叨。不论是在职场上受到的委屈，还是生活中遇到的蚂蚁般不顺心的小事，她都能唠叨个不停。

针对这个问题，丈夫和妻子也多次沟通，可是妻子当时答应得好好的，转身依旧变本加厉。时间久了，家庭对于丈夫而言，不再是温暖的港湾，反而是令人恐慌的地方。

丈夫说："听那样的唠叨久了，我在职场上都变得消极了，那种负能量就像病毒一样，悄悄吞噬了我的活力。"

人都是向往阳光喜欢和正能量的人交往，对于整天说话抱怨的人，就像是粘稠的触角让人避之不及。

所以，情商高的姑娘从不说抱怨的话。对于那些可能会让她们产生抱怨欲望的事情，她们会选择用实际行动去解决产生问题的源头，而不是选择说一些抱怨的话，从而浪费时间。

高情商的姑娘会创造舒适的谈话氛围，她的话语里总是包含着一种"万事都可理解"的包容感。这是因为她们懂得站在对方的角度思考，懂得尊重和理解别人。

她们因为会说话，懂得说话，不乱说，不多说，懂得倾听和照顾对方的情绪，很容易拉近与人的距离。她们在人生道路上就如拿了一张晋级卡，不论遇到什么样的关卡都能轻松晋级。

你说出的话就像是你的第二张脸，只不过她能更直观而深刻地暴露出被隐藏在外表下的，更深层次的你。你的言语就是你的为人和思想的水平。

这也是为什么我们在日常社交中，和有些人讲两句话就不愿再与其深交，可是和有些人讲起话来却觉得特别舒适和自然，希望能与他的关系更加亲密。

而这些感受对每个人而言都是共通的，你对一个人的言行下定论的同时，你所说的话，别人同样在心里评定着你。

如果你用心去留意下身边的人，你就会发现，最受欢迎的人，往往都是那些会说话的人，她们无论走到哪里，都会闪闪发光。

世上的女性，她们可能拥有千万种的样貌，或明眸皓齿，或眉眼皎洁，也可能有各式各样的性情，或强悍，或温婉，每一种人生皆不相同。但会说话的姑娘，才可以用强大的内心力量，把日子变得温柔，让生活真的开出花来。

第四辑

做一个有底气的财女

摄影：摄影师花叔 模特：南歌子

姑娘你可以爱钱，但也要学会理财

爱钱并没有什么可耻的，你要做的就是凭借自己的智慧与努力，踏实认真地工作，努力地挣钱，把很重要的钱努力变得不再重要。

凌晨一点半，好友雅姿打来电话，她的孩子就要出生了，但老公却不在身边。我在电话这头边安慰她边穿衣服下楼去她家。直到孩子出生，她老公一直没出现，第二天才知道他喝醉酒在朋友家睡着了。

我实在难以理解一个男人对自己即将临盆的妻子置之不理，反而去喝酒的行为。刚生产完那两个月，雅姿得了产后抑郁症，每天都无缘无故地掉眼泪，甚至还有轻生的倾向，雅姿的妈妈从老家过来照顾她，但她老公一直表现得很冷漠。

半年后孩子逐渐长大，雅姿也恢复了健康，然后她斩钉截铁地告诉我，她要离婚了，并且要争夺孩子的抚养权。

说完这个消息的时候，她忍不住庆幸这些年自己在尽力维系家庭的同时，也努力的经营着自己的事业，在自己的领域小有成就。让她有足够的物质条件，来保证离婚后自己和孩子的生活。

因为有钱让她有底气地去告别一段不适合的感情，不幸福的婚姻。

亦舒曾说："我想要很多很多的爱，如果没有爱，那么就很多很多的钱，也是好的。"她还说："如果有人用钞票扔你，跪下来，一张张拾起，不要紧，与你温饱有关的时候，一点点自尊不算什么。所以，做一个爱钱的女人，自爱，沉稳，而后爱人。"

在我们的身边，不乏有这样的声音。"我前几天逛街看上一套化妆品，特别适合我，只是太贵了，我得想想办法让男朋友买给我"，"好想出国旅行，可是没有钱，真羡慕那些有钱人"，"我现在没有工作也就没有了经济收入，想买什么都得求我老公，有时候还要看他的脸色"。这样的女人表面上生活得也很不错，可事实上都是在委曲求全，不断地讨好他人。

所以我一直鼓励大家去做一个爱钱的女人，去做一个努力挣钱的女人。

女人对金钱有欲望，这并不是一件很羞耻的事情，因为有了钱，我们才可以不必刻意迎合谁，遇见喜欢的东西才可以买给自己，有钱让女人在精神上反而更有安全感。

所以爱钱并没有什么可耻的，你要做的就是凭借自己的智慧与努力，踏实认真地工作，努力地挣钱，把很重要的钱努力变得不再重要。

"学习理财，到底有没有用？"这其实源于我们办公室的一场讨论。

某天，一位小伙伴问了一个问题，“女孩子学习理财知识，到底有没有用，需不需要花时间去学？”

当时办公室的立场分为两派：

一种说法是，理财是每个人这辈子的必备技能，应该尽早开始。尤其对于女性，在婚后的家庭生活中，她们对于钱财会有更大的控制权，若能从记账、存钱、开支开始，将复利效应施展出来，在最长的时间里滚动出最多的财富，当然就能让一个家庭生活得更好。

另一种声音则是认为，学习理财，至少对于未结婚，或者工资水平一般的姑娘而言，理财并不是最紧要的事情，重要的是把自己的工资给抬上去。

这就好像打游戏，在不同的阶段，有不同的玩法。但首先，你要不断地升级，脱离新手期。因为新手期只能教给你生活必备技能，真正的好风景都在较难的副本里。

同理，在理财上，比如，一位姑娘若她只有 10 万块钱需要的理财知识，和她有 1000 万时需要的理财知识都不一样。

因为 10 万块钱和 100 万、1000 万，能够投资的对象是不同的。前者，是能去买散装的理财、基金、股票；后者，则可以直接进入私募、房产、股权、信托。

而她们的目标也有所不同，10 万块钱的人心里想的，可能是要尽快增值，1000 万的人，想的却是保值、规避风险。前置条件不同，答案也不同。

于是，当你的理财收入的增长速度一直小于职务收入时，你更需要做的是好好工作，早日加薪升职，以最快的速度逆转职务性和财务性增速和收入占比。

于是一些姑娘说自己不懂得如何理财，索性就不理财了。不懂得可以问，可以学，但是不能置之不理。要知道不理财的时候，你的金钱也在悄无声息的贬值。

一个女人想要生活更加丰富多彩的话，那么赚钱理财的本事是一定要有的。

想做一名合格的“爱钱女”其实并不简单。你必须对自己的资产进行长远规划配置。

聪明的姑娘人生中必要的资产配置包括社保、教育基金、养老金、投资基金、房产、保证生活品质的金钱、一定量的理财产品等。合理的分配资金，是理财效益最大化的基础。

同时在投资中，还要根据自身的情况来定制适合自己的理财产品，不能盲从不能跟风，确定好理财计划后，坚定执行下去，时间总是最好的魔法师，一定会给大家最丰厚的回报的。

除此之外，你需要做一份完整翔实的预算，比如试着给自己做一份年度家庭预算计划，把每年必须要支出的项目罗列出来，这些项目包括生活中那些省不掉的支出，比如房贷，车贷，车保，电费，水费，燃气费，孩子的教育金，老人的赡养费等等。

先做好年度预算表后，再将其细化成每个月的预算。这样就能清楚了解每一分钱都花在了哪里，又有多少钱可以拿去用于投资。

我曾看到过一条微博，博主问：“什么时候你觉得钱特别重要？”

留言区点赞最高的一条回复是：“在有了自己喜欢的人，却因为没钱不能在一起时；在身心非常疲惫却不得不加班时；在家人生病却发现自己无能为力时；在很渴的时候去买瓶矿泉水，还需要犹豫选康师傅还是农夫山泉的时候。”

我从来不否认自己爱钱，因为只有钱包鼓的时候，内心才有足够的安全感。

有了钱，我才能去背包旅行，实现我的诗与远方；有了钱我才能辞掉不喜欢的工作，不必考虑生活，只考虑梦想。

我也和其他小姑娘一样喜欢独一无二有裁剪感的衣服，限量版的包包，世界级的高跟鞋，闪耀夺目的首饰以及五彩缤纷的化妆品。可是我非常明白，这些东西，都必须靠自己得到才安心，所以我努力工作，在买每一样东西的时候，都充满了成就感。

女人爱钱也会赚钱，这个赚钱当然是指广泛意义的，比如很好地打理家庭资产，妥善地安排生活，花更少的钱过更有品质的生活；比如利用自己的专业和特长兼职获得的收入；比如投资理财使得家庭资产保值进而升值等。

有的姑娘，从毕业以后就没有上过班，没有赚过钱，所以从来不明白赚钱的辛苦， 也就无从分担另一半在职场上的苦恼和压力。她们专注于各种买买买，只在意丈夫每月是不是按时把工资奉上，却忘记了自我提升，更别提理财规划和打理家庭资产，于是看似牢固的生活，其实就像是海岸边用沙子建成的堡垒，稍有风雨就成一滩散沙。

我的朋友桃子是一位“财商”非常高的姑娘。她会把积蓄分成不同的部分，用于投资房产、股票、理财产品等。通过投资获得的收益，桃子早已经实现了财务自由，即使很长时间不工作也不用担心没钱花。

在她看来，一个姑娘可以不结婚，可以不上班，但不能不会赚钱，更不能不会理财、理生活。懂得理财，拥有财富，就可以不必当金钱的奴隶，就能决定自己的生活质量，只有这样，人生才会由自己做主，然后获得幸福！

女人爱钱、赚钱、学理财，不光是为了追求享乐，为了拥有名牌包包，而是为了有能力爱自己，也有能力爱别人。

女人可以靠理财收入就能养活自己，靠兼职收入为家庭分担负担。甚至她们会积极的学习和考证，为重归职场增加竞争的砝码，她们虽然标榜自己爱钱，但也一直奋斗在追求更好生活的路上。她们每一个都活得美丽、骄傲、底气十足。

钱是一个女人的底气

钱对一个女人到底有多重要？如果有钱，当你遇到一个真心喜欢的男人时，就不会纠结他有没有房，我到底嫁不嫁，而是会霸气侧漏地说："面包，我自己挣，你只给我爱情就好！"

在网上看到过一个帖子，有网友抱怨自己的婚姻生活，理由各种各样，比如：老公太懒，每天下班后就是抱着电脑打游戏，不管孩子，也不做家事；婆媳之间有矛盾，老公总是躲出去，让自己独自面对公婆；彼此之间越来越没共同语言，每天都是一张臭脸对着另一张臭脸。最后网友感叹，不知道自己这样的婚姻，还有什么过头。

不少人留言安慰她说现实生活就是这样，总有各种不如意，慢慢等爱情变成亲情，小家庭稳定了也就好了。

也有人直接反问说："既然那么不堪，你为什么不选择离婚呢？"

其实我知道这位网友为什么宁愿选择跑到网上和陌生人哭诉，也没想过离婚。原因可以说上几千种，比如孩子会单亲，父母会反对等等。

但这些想想都是借口，最严峻残酷的事实是：缺钱。

因为缺钱，而自己又不能赚钱，所以摆脱不了不满意的感情生活。

前几天去西单买东西，汉光百货的一层汇集了迪奥、香奈儿、雅诗兰黛、兰蔻等一众大牌。香奈儿的口红展台前，围了很多年轻的小情侣。其中有一个姑娘，正一边举着一只口红，一边撮圆了嘴唇踮着双脚让男友给参考色号。

结果男友不耐烦："不好看不好看，有什么区别，你自己数数，你买了多少只了，还不如去吃顿大餐。"还不忘委屈地补上一句："我这个冬天，一次火锅还没有吃过。"

转到兰蔻的柜台，又看到一对中年男女。女的窄裙尖鞋，一张脸涂的雪白，正跟导购讨论买多少满减的问题。而旁边的男人，一件皱巴巴的旧西装，踩着蒙了一层灰的旧皮鞋，正坐在转椅上百无聊赖。听到售货员劝女人再买三百就够送小样套装的时候，腾的炸了："这么贵呀，别买了！"旁边的女人不愿意又想跺脚又想撒娇，让人看着尴尬。

你看，要是没钱，就连买只口红涂个面霜都要看人脸色，这样的生活，真是毫无尊严。

没钱你摆脱不了糟糕透顶的婚姻，没钱你只能羡慕路上的精致姑娘，却活不出自己的风度。更恐怖的是，没钱，你没有进阶的资本。

闺密小惠是个非常有经济头脑的女人。几年前，代购刚刚露出苗头时，她毅然决然转让掉连续亏损的咖啡厅，然后与在日本留学的妹妹做起了化妆品代购。

短短几个月，小惠凭借出色的生意头脑和不错的人脉关系，迅速达到月收入 10 万。

在人人吐槽婆媳水火不相容的年代，小惠却和婆婆处的跟亲生母女一样，偶尔小惠和老公起争执，婆婆坚定不移地站在小惠这边。

记得小惠刚生了女儿时，我去她家看她们母女，刚进门就碰上小惠的老公要出门。

小惠婆婆拉住儿子再三追问："你出去干吗？和惠打报告没？晚上还回来吃饭吗？"

小惠的老公无可奈何地说："你是我亲妈吗？比我媳妇管得还严，我出去见客户，晚上和朋友一起吃饭，已经和老婆大人请过假了，您老可以放我走了吗？"

小惠的婆婆依然不肯松手："去见客户，男的女的？晚上和朋友吃饭，男的女的？晚上不能喝酒知道吗？不能回来太晚，影响小惠和孩子睡觉。"

在小惠的老公苦苦求饶下，小惠的婆婆这才一脸狐疑地放了手，并再三嘱咐，一定要早点回来啊！

我在旁边简直都要惊呆了，连忙问小惠，你这是给婆婆灌了什么迷魂汤啊！小惠笑着说："其实也没什么，本来我就没什么脾气，我婆婆性格也很好。而且就是偶尔她哪天不高兴了，我就立马给她买张机票让她去欧洲玩一圈，回来以后就心情大好。过一阵子，带孩子又烦了，我就再给她足够的钱让她飞韩国玩一圈。所以，不等我俩矛盾激化，我就用钱解决了。"

凡是能用钱解决的问题，千万不要伤感情。小惠的一席话让我醍醐灌顶，细细想来也是，其实婆媳之间哪有解不开的矛盾，无非都是钱闹的。

如果媳妇本来就穷，肯定会怨恨婆婆既不帮忙带孩子，又不肯出钱请保姆，害的自己只能全职在家带娃，于是就会心生怨念。可是如果她自己有钱，可能就不会计较那么多了。

所以，无论是婆婆还是媳妇，一旦没钱就会百般计较，一人计较就会闹矛盾，伤感情。

钱对一个女人到底有多重要？如果有钱，当你遇到一个真心喜欢的男人时，就不会纠结他有没有房，我到底嫁不嫁？而是会霸气侧漏地说："面包，我自己挣，你只给我爱情就好！"

如果有钱，当你和婆婆产生矛盾时，你就会和我的闺蜜小惠一样，非常潇洒地甩给婆婆一笔钱。并温柔地告诉她，"妈，我知道你最近很辛苦，心情不太好，出去玩一圈吧！钱不够和我说。"

如果有钱，当你遭遇丈夫出轨、嫖娼、家暴时，就不会因为害怕没有经济来源，断了后路，无力抚养孩子而忍辱负重，拖着不肯离婚，还被万般嫌弃，你死不放手的样子好难看！

我一个远房阿姨，18 岁时开始摆地摊做生意，每当家人催她赶紧趁着年轻找个有钱人嫁了时，她都会信誓旦旦地说，"我一定要攒够 50 万，买房买车后再结婚。"

亲朋好友们都说她简直疯了，在上世纪 90 年代，50 万对一个十八线的小县城来说，是一笔不小的数目。

亲朋好友们看到阿姨每天起早贪黑地进货，玩命地卖货，每天累得像狗一样，非常不理解。

他们都苦口婆心地劝她，女人将来终究要嫁人，相夫教子的，那么玩命地赚钱干啥。女人嘛，干得好不如嫁得好！只要把自己打扮得漂漂亮亮的钓个金龟婿就行了。

每次阿姨都会一脸认真地说，只有干得好，才能嫁得好啊！

有钱人又都不是傻子，他们多精明啊，怎么可能会心甘情愿娶一个只是年轻漂亮却一无是处的花瓶。你们不要被那些偶像剧给迷惑了，趁着年轻多提升自己才是正事啊！

物以类聚，人以群分。你只有自己优秀了，才能遇到更优秀的对象不是么？

就像是登山，如果你刚爬到半山腰就因为太累而停滞不前，那你只能与同样懒惰、拖延、不努力的小伙伴一起看山脚下的垃圾；而只有坚持爬到山顶，才能和同样努力，同样优秀的小伙伴看最美丽的风景。所以，如果你不优秀，根本无法结识到更加优秀的伴侣啊！

所以无论父母再催她，周围的人再怎么嘲笑她，她依然咬紧牙关，每天四五点钟起床进货，生意从地摊做到大型商场，终于在23岁那年，她赚到了人生的第一个50万，并全款买了房子，还遇到了真命天子。

阿姨的另一半是一个一穷二白的教书先生，家里人为了供他兄弟三个读大学已花光积蓄，所以根本没钱买房，甚至连彩礼都拿不出来。

亲朋好友们都为阿姨感到不值，都劝她嫁一个比她生意做的还大的大老板，让他帮助自己扩大经营。

阿姨一脸坚定地说："我知道自己需要什么样的对象。"

"首先，我是急脾气，性格暴躁，所以我需要找一个性格互补的另一半，这样他才能包容我的坏脾气；其次，我的学历不高，怕没法给孩子做一个好的榜样，所以我想找一个学历比我高的另一半，将来提高我们整个家庭的文化水平，有利于下一代的教育；最后，我喜欢做生意，也喜欢赚钱，但是一个家庭总得有一个照顾家庭多一些的人，所以我需要一个居家暖男，今后替我多照顾好孩子。这么看来，我老公完全符合我的择偶标准啊！所以，我压根不会纠结他有没有房子，有没有彩礼。面包我自己会挣，他只负责给我爱情和一个温暖的家就好！”

现如今，阿姨和姨父已经结婚十年，两人的孩子也已经 8 岁了，可是两人依然和年轻的小情侣一样，经常晚饭后一起手牵手散步。每年寒暑假，姨父都会带着阿姨和表妹去全国各地旅游，一家幸福得像花儿一样，羡煞旁人。

我们不得不承认，有时候钱就是一个女人的底气，当你足够有钱的时候，你才有勇气抛弃不喜欢的婚姻，有底气去等待爱情。

过得好的姑娘并不省钱

那些凭自己努力过上想要的高品质生活的姑娘，都在追求一份可以相媲美的爱，而不是为了让你教她省钱的。

昨天加班回家后，突然接到了一个女性朋友的电话。几句寒暄过后，她说我给你讲个好玩儿的事情吧。

她说前阵子有同事给介绍相亲，男方约她吃饭，事先也说好了地点由她来决定。结果等吃完买单的时候，服务员把账单拿上来，听到消费 268 元的时候，那个男生瞬间脸就垮了，自以为很小声地嘀咕了一句："怎么这么贵！"然后掏出了手机计算机非常认真地把菜单金额算了两遍，终于发现里面含了 3 元的餐巾费后，质问服务员为什么点餐前不告诉自己桌上的餐巾是收费的，当时她坐在对面就看着一个大男人为了 3 块钱争执不下，最后实在忍不住地说了句："要不这顿饭还是我请吧？"

男生不情愿地掏出了钱包，当着服务员的面说："以后再也不要到这么贵的地方来吃饭了，华而不实。”

买完单后，她悄悄上微信给他转了一半的餐费过去，然后和男生说再见，对方执意要送她回家，路上男生和她说：“看你的朋友圈，觉得你挺不会过日子的，经常来这样的餐厅吃饭，还办了健身卡是吗？你这样花钱大手大脚，爱慕虚荣是会嫁不出去的，不过我原谅你。”

她当时惊讶得不知道该说些什么，沉默了几秒后用很严肃的语气问他：“请问你了解过我吗，你又从哪看出我爱慕虚荣呢？”

结果男生带着宽容的表情对她说：“好吧，你不虚荣，我开玩笑啦。”

那是他们两人第一次见面，两人比陌生人熟悉不了多少，结果她就被贴上了“爱慕虚荣”的标签。

让她头疼的就是从那顿饭之后那个男生天天给她打电话，询问她的行踪，电话中对方俨然一副男朋友的口吻。更好笑的是有一次男生对她说，自己家这边的影楼在做活动，免费赠送一套情侣写真，要她过去一起拍。

在听到她拒绝之后，他竟然说了一句：“我看你朋友圈经常拍各种写真，多败家呀，现在有商家免费送，多划算。”

她哭笑不得提醒对方，自己就是摄影师，并且告诉男生，那些写真也是摄影圈里的朋友练习的作品。

男生不死心，告诉她那边活动还赠情侣对戒，希望她过来领了两人一起戴。

她看看自己刚买的卡地亚，苦笑地告诉他，自己不需要。

这样的次数多了，朋友干脆很直接地告诉那个男生，两人并不适合，请他不要再联系自己了。

结果男方很生气，质问她："你是不是嫌我穷，嫌我挣得不如你多，你都快三十了还花那么多钱买那么多名牌化妆品，你这么拜金，我看你还能嫁给谁！"

朋友很无奈地问我："难道我自己赚钱给自己用好的、吃好的，追求更高品质的生活，错了吗？"

其实我们身边有这种烦恼的姑娘越来越多，记得有一次学妹向我诉苦，前不久花了两千多块钱给自己办了张美容卡，吃饭的时候跟男朋友无意中聊到，结果男朋友怒了，当场就骂她是神经病，花那么多钱去美容，简直就是浪费。

然后他开始指责她消费高，明明一瓶郁美净就能解决的事情，非得去买那么多瓶瓶罐罐，明明网上的衣服便宜非得跑专柜去买。

她越想越委屈，说："我其实也没图他能给我买些什么，那些东西也都是我自己买的，我想让自己变得好看一点有错吗？"

学妹说，其实男友的经济条件跟自己差不多，但就是消费观不在一个层次上，还经常抱怨她买的东西都太贵了。

比如她给自己买了一个 LV 的包包，他却送给自己一个香奈儿高仿；她给自己用迪奥的香水，他却送自己十元一瓶的香氛喷雾；她给自己买香奈儿口红，他却送自己一支曼秀雷敦的唇膏。

在一起之后，他不仅没把自己宠成个公主，反而还处处让她省钱。他不仅自己过着低品质生活，还总是批评学妹虚荣。学妹不明白，自己每天辛辛苦苦地赚钱，不就是为了提高自己的生活质量，买得起自己想要的东西，配得上更好的人嘛。为什么和他恋爱后，生活不仅越变越糟，他还要想方设法的教育自己省钱，去放弃原本该有的生活？

我突然想起自己的前男友，我认识他的时候 24 岁，我是传媒公司策划，他是甲方负责人。我俩因工作认识，但合作项目结束的时候，我俩的话题已经从职业聊到了电影、小说、音乐。

我俩的爱情开始得很自然，但接触越久，我们发现双方在一个问题上有很大的分歧，那就是消费观。他生活节俭，总会督促我攒钱。而我觉得青春易逝，想把钱花在各种“体验”上。

他不喜欢去电影院看电影，觉得那是浪费钱；他认为吃饭就是维持人体活下去的一项任务，实在不必花太多时间去研究；他的目标是 30 岁之前攒够一套房子的首付。

而我和他相反，我喜欢去电影院享受大屏幕带来的画面震撼；常常会花费一个小时时间在路上，只为去吃一份味道特别鲜美的馄饨；我觉得房子买或者不买根据经济实力来定就好，我不喜欢 30 岁之前给自己套上生活的枷锁。

他觉得人不能在年轻的时候选择安逸，否则老了只能后悔。这个观点我认同，可我同样认为，某些事情只存在于某个特殊的年龄段，比如，17 岁喜欢的公主裙，27 岁我有钱买了也不喜欢穿了。

所以我俩的分歧越来越大，我试着去迁就他的生活方式，却越来越不开心。

某天我们经理和我开玩笑说：“你最近没买新衣服，没看好书，甚至连妆都不化了，看上去很颓废。”

我和她说了自己的烦恼，结果经理耸耸肩膀说：“女人永远不必为自己合理的消费羞愧，优雅的女人从来不省钱。”

想想也对，我们敬佩节俭，也从不认为金钱能买来所有的东西，但我们也必须承认，有些经历和体验，是一定要付费的。

我问经理："为什么男人总是害怕女人花钱？"

她笑了，说："这样的男人要么是因为崇尚节俭，要么是怕你花钱透支了自己的生活，然后进一步透支他的生活；要么是他小气。第一种男人并没什么错，你俩只是消费观不同，第二种男人往往对自己不自信，害怕没那么大本事养活你，最可怕的是第三类男人，自己抠门过低质量生活，还试图把爱人也拉到那个阵列。"

想想也对，过得好的姑娘，永远渴望让自己变得更好。她们熬夜加班不就是为了在看到喜欢的化妆品、衣服时能毫不犹豫地买下来吗？买一个包并不比买一本书高级或低级，想出门旅行并不比开车品尝美食更浪费，这些都是构成自己生活的一部分。

你辛苦赚来的钱，愿意怎样花是自己的自由，好姑娘永远不必为自己合理的消费感到羞愧，因为要保持相应的消费水准，你必须不断提升自己的工作、学习、应对能力。只有当你的欲望超过了你的能力，才需要警醒。

那些花掉的钱，那些买来的经历，并没有空耗，正是看上去不是生活必需品的东西，让女人知道什么才是高品质生活。

另一方面，如果一个男人，总是让自己的女朋友省省省，那其实并不是一件很光彩的事。因为你竟不舍得给她想要的生活，那么你的爱未免也太廉价了。

那些凭自己努力过上想要的高品质生活的姑娘，都在追求一份可以相媲美的爱，而不是为了让你教她省钱的。

越漂亮的女人活得越贵气

贵是一种底气，也是一种资本，你有能力赚钱，也要有本事花钱，你赚的钱，自然是要对自己好点的。

阿瑞是我的学妹，在一家国企上班，年纪轻轻就升职成了办公室副主任，工资自然也比较高。但是阿瑞一直都很不自信，她的能力的确很出众，但是每次到了关键时刻，比如代表公司接受采访，或者外出给联谊单位做场培训，她就总会怯场。

因为不自信，不敢去争取，所以年底调职的时候，同一间办公室的另一位姑娘先坐上了主任的位置。

我只见过她那位同事一次，虽然资历比不上阿瑞，但是言谈举止方寸之间，都显得比阿瑞自信很多。

阿瑞习惯每周上班前一天和我视频，问我她穿哪套衣服好看。那些衣服里很多是她读大学时买的，和职业装搭配在一起，风格瞬间变得很怪异。

我对她说："阿瑞，你长得这么好看，为什么不对自己好点，女孩子的自信很大部分来源于她的外表装扮。那些气场强大的姑娘，她们不论在家中怎样随便，但只要出门绝对会穿好看的衣服，然后把自己打扮的美美的，行走江湖我们得气场全开。"

阿瑞解释说那些衣服都还能穿，而且自己只是一名办公室副主任，用不着穿那么好的。

很多姑娘和阿瑞一样，希望自己的生活能更精致一点，但又觉得自己不够好看，气场不够强大，其实只是因为不够"贵气"。

我的邻居周姐是位很精致的女人，她在一家外企做高层，有着丰富的职场经验和生活经验，通过一段时间的观察，我发现周姐从衣服到鞋子、包包、香水、发饰都用着很贵的牌子。

周姐说："贵是一种底气，也是一种资本，你有能力赚钱，也要有本事花钱，你赚的钱，自然是要对自己好点的。"

很多姑娘总是偷偷羡慕别人生活得光鲜亮丽，走路可以骄傲的像孔雀一样，却不知道自己也完全可以。

女人的骄傲里，有贵的底气。无论是穿衣打扮，还是生活家居，永远不要觉得将就是一种生活的随意。精致女人的生活从来都是讲究而非将就。毕竟，你希望别人认为你过着怎样的生活，就得给大家展示出怎样的生活状态。

周末我约周姐一起去逛街，买椅垫的时候，我在两件产品之间犹豫不决。

周姐指着其中一个说："买这件，这个的材质比那个舒服多了。"

我依然有些犹豫，那一件材质虽然比较好，但是价钱已经超出了我的预算。

周姐看出我犹豫的原因，说："贵有贵的好，要知道你买的东西里，藏着的都是你的气质和品位。朋友到你家做客，第一时间看到的就是你的家居用品，她们会从这些小物件里看出你本人的品味和生活品质。难道只为了节省那几十元，就要把自己划到低品质生活行列里吗？"

后来周姐搬新家，我过去拜访发现，她的新家布置的特别温馨。跟我一起去参观她新房的闺密说："我终于知道她为什么那么有气质了，她的这些装饰看着都特别贵，但真的好讲究好舒服。"

大概所有女生都曾幻想过有一天自己会拥有自己的小空间，然后随心所欲地把它布置的如想象中那样，自己就在那方小天地里做一个人的公主。"

但那方天地其实也会完全暴露你的气质和生活状态。你总是用便宜的东西，别人就会觉得你这个人生活很随意，气质可能也很难去把握。但如果你选择贵的、舒适的，你的气质和品位一下子就上来了。

我姐经常对我说："女孩子一定要对自己好一点，最起码，给自己买该买的，让自己用最好的，然后舒适地生活。"

我也始终相信一句话，"你愿意对自己多花点心思，别人才愿意对你花心思。"

朋友郑惠在市中心开了一家美容店，前几天我正好休年假，于是到她店里找她，边做护肤边和她聊天。大概半个多小时后，一个 30

岁左右的姐姐坐在了我旁边。她打扮得很朴素，举止也有些拘谨。

她坐在一边选了很久的面膜，在郑惠的帮助下决定先用补水面膜试试。然后她问郑惠："这怎么卖的呀？"郑惠说："面膜 20 一贴，水疗 500 元一套，越贵的效果越好一些。"

那位姐姐露出了诧异的表情，直呼怎么那么贵啊？郑惠很无奈地表示，市场都是这个价格。

她愣了一下，自言自语地说："还是算了吧。"之后就起身离开了。

我和郑惠四目相对，同时叹气。

郑惠说，接触的顾客多了，发现一个规律："越是漂亮的女人，就越会投资自己，相反越是粗糙的女人，就越舍不得给自己花钱。于是两极分化也越来越严重，美的越来越美，粗糙的越来越糙。这样看来有网友调侃'越优秀的姑娘越费钱'实在是事实。"

半年前，我刚刚适应经济独立，资产负债表上仍旧时不时出现赤字，资金呈现负增长趋势。

有一天我突然想起自己很长一段时间没有去做护肤了，于是就去了郑惠的美容院。

结果郑惠当时一见我就吐槽："皮肤都干成蔫白菜叶子了，黑眼圈也那么重，今天姐姐好好给你保养一下。"

我当时并没有太在意，就觉得美容不就是一时的效果嘛。结果等我做完护理，发现皮肤果然透亮许多，黑眼圈也没那么重了。

郑惠说："以后每周来店里一趟，一个月我就能让你的黑眼圈淡化到看不见。"

我尴尬一笑说：“我最近有些穷，买不起。”

郑惠给我翻个白眼：“算我送你的，不过咱女人这张脸可是跟自己一辈子的东西啊，这点投资算什么！”

我猛地意识到，自己之前把日子过得太糟糕了。长期熬夜额头上的痘痘此起彼伏，天天对着电脑工作导致眼睛无神、身材走样。

这样的我即使银行卡里有七位数存款又能怎样，别人看到的依然是我的贫瘠和生活的狼狈。几乎没有任何犹豫，我咬牙办了一张美容卡，又在家附近的健身房办了年卡，买了枸杞红糖整天泡水喝。

你身边有没有这样的姑娘，买衣服、化妆品，买各种东西都坚持“以数量取胜”的原则。

别人花三百块买一支口红，她花八十块买四支。别人去商场花几百块买一件衣服，她去淘宝买了八件几十块的衣服。

到最后衣橱里堆满了淘宝爆款，邋邋遢遢穿过一次就没办法再穿。化妆箱塞得满满，可化妆时怎么也不舒服，有时还会过敏。

我以前就是这样，总觉得便宜的东西性价比更高一些，于是买回来大堆的廉价品，最后不仅经济被搞得一团乱，生活品质也被拉低。

好姑娘的人生就应该贵一点，不因为喜欢的包包价格高而犹豫不定，不因为试穿的衣服标价惊人而落荒而逃，更不会想着“等到以后有钱再买吧”，毕竟美好的年华从不等人。

也有很多人觉得存钱比花钱更重要，可是，亲爱的，你以为存钱是最大的投资，为此你把自己弄得不修边幅，让自己过得辛苦，但其实，你最应该投资的是你自己。

还有一些人觉得自己遇人不淑，为什么别人可以遇到好的人对的人，而自己遇到的总是不喜欢的。亲爱的，因为你是什么样的人，你才会遇到什么样的人。

你什么都嫌贵，那么别人就会觉得你便宜，你要懂得爱自己。

你活得精致了，别人才看到你精致外表下高品质的生活，才能遇到同样过着高品质生活的朋友。

而且，美貌最怕时间摧枯拉朽，而气质最需要时间的沉淀。一件便宜货也许拉不开两个人的距离，但时间，总会慢慢证明并且检验你的质量，一旦便宜下去，你就真的贵不起来了。

花钱投资自己，让自己变得更美，更美你会更有自信。好姑娘就应该贵一点，才能活出自己的精彩。

优秀的女人会花钱，也会赚钱

有人觉得有钱就有安全感，我觉得有赚钱的能力才更有安全感。这种安全感，不是那种只要银行卡余额少于某一限值，整个人就有一种资不抵债、钱难消灾的惶恐不安，而是一种主动的驾驭感。

中午的时候办公室小杨出去逛街了，等到她再回来的时候，手上提了四五个袋子，有衣服也有化妆品。有同事和她开玩笑说："你又花钱去啦，不怕你老公说你败家和你吵架啊。"

小杨笑嘻嘻地说："我花自己的钱，买自己喜欢的东西，还给他买了领带、衬衫、鞋子，他还有什么不满足的。而且我赚的钱比我花的钱多得多。"

小杨结婚快一年了，他老公生活勤俭，而小杨则属于该花就花。结婚之前，男方知道她每个月花费在服饰方面的钱数时，还和她发生过不快。

结果小杨告诉他自己会花钱，但更会赚钱。相对于每个月赚的钱来说，她花的并不多。

事实的确如此，小杨会花钱，才花出去的钱，总会换成另一种方式赚回来。

上学时候，她听学姐说考个第二学位，未来找工作薪酬待遇会更好一些。当天她就去培训学校交了学费，对当时的她来说那是一笔不小的开销。但她丝毫没犹豫。毕业后她果然因为第二学位证书，每个月多了几百元的补助。

正式入职后，有一次她代表公司去和客户谈合作，当时她穿着大学时买的衣服，扎着马尾素颜坐在对方办公室等了客户半个多小时，结果对方来了第一句话却是："你怎么穿成这样就来了，这就是贵公司的合作态度吗？"

回到公司后，她被经理狠狠地批评了一顿，直接将问题升级为工作态度不认真，职业素养水平较低，月工资扣除百分之十。小杨下班之后哭着回了家。

我给她打电话本想安慰她几句，但没想到她直接约我一起去做美容做头发，买化妆品，买衣服，一天花了大半个月工资。

过了一周，她再去和客户谈合作的时候，她像是电影里的职场女王一样，穿着精心搭配的衣服，气场全开，轻而易举地谈成了一个大单，得到的奖金足够她买半年的衣服、化妆品。

优秀的女人会花钱，也会赚钱。

如果你善于观察，你会发现身边那些越是有钱的女人，越敢花钱。有时候会听别人议论谁谁谁又买了个包，抵得上自己半个月工资了；

谁谁又买了支口红，她可真有钱；谁谁出国度假去了，太不会生活了。

但这些人只看到她们又花了多少钱，却看不到她们用这些东西来提升自己，让自己站在更高的平台，赚更多的钱。

无论是在职场上还是生活中，那些对钱越有欲望的姑娘，反而越会赚钱。

有人觉得有钱就有安全感，我觉得有赚钱的能力才更有安全感。这种安全感，不是那种只要银行卡余额少于某一限值，整个人就有一种资不抵债、钱难消灾的惶恐不安，而是一种主动的驾驭感。

很多人说年轻人要攒钱，银行卡里的余额越多越好。但事实上钱是用来花的，不铺张浪费，把钱花在提升自己上面，就最值得。

试想一下，如果一个姑娘只想着赚钱却舍不得花钱，她把所有赚来的钱都攒起来，锱铢必较地计算，能让她的外表更光鲜动人吗？能让她的职场技能更多一点儿吗？能让她看到更广阔的天空吗？

一个女人会花钱并不少见，只有那些越花钱越有钱的女人才最有吸引力。

曾听过这样一句话："每个爱钱的人，背后都有着不为人知的辛酸史。"因为经历过贫穷，所以才更害怕贫穷，只有账户里面的余额够多才能给自己安全感。

可很多人却走入了一个怪圈，越是一味赚钱就越不懂得怎样用钱，于是他们越努力，就越痛苦。

我的闺密从小家境就不好，爸妈早年下岗后为了供她上学，在当地摆摊做各种小生意，生意也很难做。闺密的爸妈为了能让她有好的生活，天不亮就推着三轮车出门，早上卖早点，中午卖盒饭，晚上卖衣服，天黑透了才回来，每天累得腰都直不起来。

那几年他们一家三口生活在五十多平米的小房子里，每天为了生计而发愁，她说自己根本不敢回忆那段时光，真的太苦了。

因为从小就没有心灵和外在的富养，所以闺密的安全感严重缺失。因为经历过那样贫穷的生活，所以就想要拼命赚钱。

可钱赚得越来越多，她却对未来越来越没有信心。每次只有在收到存钱短信的那一刻才会收获一点点满足感，可过后又会陷入深深的无力。

而她也时常会因为这样的拼命而疲惫，这一份疲惫，导致她在面对家人的时候，就有了很多的情绪，比如说你们就应该怎么做，因为，我如此努力都是为了你们。

而她的家人呢？那些让她拼命的理由和源头呢？他们其实也没有因为闺密的拼命而快乐。

她的父母看着女儿这么疲劳，总是充满了负罪感，不敢乱花女儿给的钱，全部存起来，过着比以前好不到哪里的生活。

她明明已经赚到了足够多的钱，却一点儿也不快乐。她们家现在明明已经不缺钱了，可她总是会忍不住因为一点小钱和丈夫争吵。

最好笑的是，有一次她和老公去超市买水果，当时正好晚上六点半，超市一些果蔬在打五折。她选了一大堆，丈夫劝她买那么多也吃不了，而且那些水果也不太新鲜了，不如多花点钱买精选的。

她就因为这个和丈夫冷战了一场，最后还是买了打折水果，回家后发现很多已经不能吃了。她丈夫总是不理解闺密，他们的家庭每月收入总和在三万左右，生活在二线城市真的没必要那样节省。但闺密总说，只有手里存着足够多的钱，才会觉得踏实。

但她搞错了一点，那就是这样的踏实是假的，用钱买来的安心，并不可能带来真的幸福快乐。

我身边有很多人，他们拼命存钱，最大的爱好就是算一算存折上的钱有没有多一点。可是，当他们有三千块的时候，过着一个月花五百块的生活，当他们有了三百万的时候，依然过着一个月花五百块的生活。

他们每天做着不得已的努力，想用钱来填补内心的那个巨大缺口，可却在一天天的疯狂索取中，迷失得更厉害。

他们舍不得买衣服，舍不得住大房子，舍不得出去旅行，舍不得投资自己。他们在经济上很富有，可精神上却很贫乏。他们根本不知道自己赚钱的意义是什么，越存越吝啬，对自己，也对别人。

喜欢钱，想要赚钱给自己带来安全感，这没有什么错。毕竟，有钱了才能掌控自己的生活，这是一个无法改变的现实。

但真正会赚钱的姑娘更会花钱，她们会拿钱丰富自己，去看一看远方的风景，在花钱中获得独立和自由的生活。

在我身边，有很多比我更努力的姑娘，她们爱钱，努力赚钱，不但没有被人贴上拜金和虚荣的标签，反而让人觉得直爽得可爱。

周一上班的时候，同事阿月过来和我分享了一件周末发生在她身上的新鲜事。早上七点多，她开车走在路上，突然旁边窜出来一辆大众，车上坐着两个男人，两人边开车边对着自己的奥迪指指点点，嘴里还不停地议论着：“这么年轻开这么好的车，肯定被包养了！”

这句话恰好被阿月听到，忍不住探出头说：“你见过被包养的起这么早吗？”

那两个男人没想到自己竟然敢这样直接怼回去，降低了车速跟在自己车后面，一会儿就融入车海里。

你看，能够自己赚钱的姑娘才有底气这样怒怼不怀好意的人，才能大大方方撕掉虚荣和拜金的标签。

而那些依靠别人过上好生活的姑娘，是一定没有底气说这话的，她们只能祈求别人能一直对自己好。她们看似过着奢华的生活，实际上却非常没有安全感。

所以,好姑娘爱钱没错,但必须赚得理直气壮,才能花得心安理得。

还是那句话，我们很爱钱，但只爱自己赚的钱。我们努力工作就是为了理直气壮地给自己买口红，买包而不必看别人的脸色，而理财则是让你的爱钱行为更具有实际意义。

女人保持赚钱的能力

千万别被男人的“我养你”迷惑，那背后有你承受不了的代价。优秀的姑娘应该是让自己活成想要的样子，自己养活自己才最骄傲。

程圆参加完同学聚会后，就一直很不开心，原来那些曾和她站在同一条起跑线上的姑娘，现在或者嫁了富豪老公，或者自己创业成功，只有她依然奋战在社区记者这个基层岗位，三年没有任何变化。其实这份工作简单而稳定，程圆本来是很满足的，但这一次的聚会让她发现，当别人都在大步向前跑的时候，自己竟然还停留在原地。

她深知拿自己的生活和别人比较是自寻烦恼，但每天上班面对那些琐碎而无趣的社区新闻，内心的倦意就迎面扑来。

好在程圆的男友很贴心很爱她，每次都温柔地安慰开解她。

终于在程圆又一次抱怨不喜欢当前这份工作的时候，她男友说：

“别不开心了，实在不想做就辞职吧，然后去追求自己的梦想，一切都有我呢。”

那一刻程圆简直要感动哭了，虽然内心里一直赞同“女人一定不能失去工作”这个观点，但真真实实感觉到背后的支持时，还是死心塌地地陷身其中。

“起码有靠山了，有退路了。”程圆心里想着，当时的她并没有真的想辞职，毕竟辞掉这份工作后，她也实在想不出来自己要做什么。

但从那天开始，程圆开始关注各种创业信息，翻阅往期创业女性的人物采访，搞得单位同事以为她想从社区新闻部调到经济新闻部。

就这么过去不到一个月的时间，程圆再一次坚持不下去了。她对着男友抱怨说：“现在的这份工作又无聊，又不挣钱，偶尔还得听社区群众的闲话。”

“辞职吧，有我呢。”男友又一次说出了这句话，像是给程圆的创业梦注入了一股氢气，飘飘摇摇就上了天。

第二天程圆就到单位办了辞职手续。刚辞职不久的程圆，时不时还和男友商量一下自己未来的创业项目，但每次都被男友否决了。

最后男友说：“你不是非工作不可的，我也可以养你的。”

程圆想了想，聚会时看到的那些结婚后在家做全职太太的同学，想起她们讨论购物、插花等话题时自己的无趣，于是对那样的婚后生活产生向往，决定放弃找工作，坚守在男友后方，做一名合格的“家庭主妇”。

为此她报了烹饪课，系起围裙捧起菜谱，每天花式研究男朋友爱吃的菜。

男友下班也总会给她带一些甜品回来，周末两人要么一起到郊外踏青，要么宅在家里看电影。工作日的时候，程圆则约着同样不需要工作的朋友聚会、看画展，生活过得异常幸福。

三个多月后，程圆的积蓄逐渐空了，靠男朋友养的日子也真正到来，但她发现男朋友开始有了些变化。

日常生活里，对方的耐心越来越少，外出约会的次数也逐渐减少。好不容易外出吃饭，男友对餐厅不再像以前一样精挑细选了，而是直接打开团购，从人均较低的几个里随便选择。

直到两人纪念日的时候，程圆表示想去一家新开的西餐厅吃牛排，男朋友很直接的拒绝了，理由是：“你现在又不赚钱，去吃那么贵的牛排干什么？下午去超市买一斤牛肉，学着自己在家做吧。”

渐渐地，两人生活中的摩擦越来越多，程圆也越活越小心翼翼，直到有一次她化妆品用完了，又花了 300 元重新买了一套。男朋友对她大吼：“你都不用上班了，还买这么贵的化妆品干什么？”

程圆小声辩解说这已经是便宜的了，但男友依然在不停地指责她，从身上买的衣服，到她办的健身卡等。

程圆忍不住问他：“你不是说过，辞职后养我的吗？”

男友说：“我可以养你，但你也不能乱花钱呀，以后化妆品、健身卡、衣服这些不到非必要的时候，就不要买啦，我赚钱也很累的。”

程圆说：“可是健身卡是我辞职之前自己办的，衣服也都是网购的便宜货。”

男友沉默了一会儿说：“分手吧，我累了。”说完这句话的时候，程圆从他脸上捕捉到一丝松了口气的神态。

程圆重新找了份工作，她说自己以后再也不会被一句“我养你”

冲昏头脑，因为比起每次花钱都要像乞丐一样向他索取，还是自己赚钱花更爽。

事实上，对于大多数男人而言，他们的那句“我养你”背后，并不代表让你继续保持良好的生活品质，而是让你过着每天吃五毛钱的馒头，穿地摊上的打折衣服，提篮子到菜市场买菜，然后回家煮饭、洗衣服、打扫卫生这样的低品质生活。

女人千万别被男人嘴里的“我养你”迷惑，那背后有你承受不了的代价。优秀的姑娘应该是让自己活成想要的样子，自己养活自己才最骄傲。

郑影参加完同学聚会后发现当时和自己站在同一起跑线上的姑娘，很多都过得比自己好，无论是职场还是生活。甚至有些曾经很不起眼的丑小鸭，也变成了穿着精致套装，开着宝马、奥迪的职场达人。只有自己还穿着上学时买的旧衣服，裤子因为洗得太多起了毛球，头发因为孩子不停地拉拽变得乱七八糟。

别人的生活是升职加薪、健身、旅行、出国深造，而自己的生活只有孩子、老公、厨房。

郑影那一刻后悔极了，她发现还是自己赚钱好，因为有钱才能有好看的外表。

那些好看的衣服，精美的首饰，超好用的化妆品背后都有昂贵的价钱。那些只有赚钱的女人才能买给自己，而不是老公。自己赚钱的女人，才更容易在感情里保持自己的尊严。

在感情世界里，不赚钱的女人不仅很难保持经济独立，精神上也会空虚。毕竟她们会把全部的精力都放在自己的小家庭身上。很少关注社会和职场上的变化，逐渐与社会脱节。

时间久了，丈夫即使想和你聊些工作上的话题，但你却接不上话，理解不了。

你虽然也希望能在工作上给予丈夫帮助，或者希望和他一起参加工作聚会等。但对方总会拒绝，他们有几百种借口不再让你参与到他另一面生活中。

于是女人因为各种猜测和丈夫唠叨、吵架，次数多了，终于变成丈夫嘴里的“黄脸婆、怨妇”。

两性情感里，最可怕的恶魔是代沟。事业成功的男人和两耳不闻窗外事的家庭主妇距离越来越明显，越来越缺乏共同语言。

当两人从曾经的如胶似漆演变成无话可说，或者一说就吵的状态，感情也就没有什么幸福可言。男人不会记得你在他背后的付出，也不会记得当初的信誓旦旦：“出去工作干什么，娶了你，我就要养着你！”

所以，一个女人保持赚钱的能力，也是给双方的感情上一道保险。

也有一些姑娘觉得这样的想法有些偏激，她们有各种借口来解释自己的付出，比如孩子太小，自己事业心没那么强。但我想表达的是一个女人可以不上班，但不能不会赚钱。

如果女人有赚钱的能力，有自己的经济来源，就可以保持自己的独立。

遇到喜欢的东西可以潇洒自己买，可以去健身，去做美容，去和闺密逛街、喝下午茶。就算天天换口红色号也没人能质疑。女人经济独立后，腰杆子才能直起来，完全不用看别人的脸色。

事实上，我身边总有一些姑娘认为事业和家庭不可兼得，甚至会有人说“那么辛苦工作干什么，反正都是要嫁人被老公养活的。”

更匪夷所思的是，有些姑娘会担心自己学历太高，事业太出色会嫁不出去。在她们意识里，女人太优秀反而是一种缺陷。于是当遇见有男人对她们说出“我养你”时，会欣然同意，觉得那就是人生最幸福的归宿。

但女人只有保持自己赚钱的能力才会过得更幸福，因为她赚的不仅是钱，更是整个社会对自己的认同。

而且一段感情若是只依靠单方的经济投入，势必不会太稳定。女人若是连赚钱的能力都失去的话，那么无论在生活还是情感上，一定不会太自由，因为那会成为你的软肋，在对方不开心时，随意攻击，而你还不能反抗。

我不觉得一个女人有钱就一定会幸福，但事业和家庭兼顾才是女人奋斗的终极目标。与其靠伸手向男人要钱养活自己，不如扎扎实实自己赚钱。

所以，女人不一定要成为女强人，但一定要经济独立、思想独立、生活独立。最重要的是拥有并保持赚钱的能力。

第五辑

谈一场不着急的恋爱

爱情没有早晚，也没有任何计划可言。人生漫漫，能遇到一个喜欢的人不容易，余生要跟喜欢的人在一起。爱情是一场义无反顾的冒险，也是两厢情愿的甜蜜。爱情没来就好好爱自己，爱情来了也不要畏首畏尾，饥不择食。

摄影：曾泉

爱情没有快慢，只有刚刚好

好的爱情在来的路上从来不会着急，它不紧不慢恰好赶来。匆忙的爱情就像是用药水催熟的苹果，看着甘甜鲜美，吃起来却索然无味。好的爱情则像是小火熬粥，在合适的时间把水和米丢进锅里，用小火不紧不慢地熬，最后粥沸腾了，米也煮开了。

左萌在朋友圈发布了一张结婚证的照片，并配文："终于等到你，还好我没放弃。"好友纷纷点赞恭喜她。这个 34 岁的姑娘，兜兜转转，终于遇见了属于她的优秀男生。

我认识左萌的时候，她还是横店的一名群演。21 岁那年，大学毕业的她心血来潮跑去做了一名演员，周围的人都觉得她是异想天开，但她依然我行我素。做群演的第一年，她在大大小小的影视剧里出演了各行各业的"路人甲"，运气好的时候还能说几句台词。

我当初并不理解她，毕竟作为重点大学新闻系毕业的学生，找一份大众眼里差不多的工作并不难，何必去过那种随时可能交不起房租的生活。

但左萌从未想过放弃，她说自己很小的时候就有了当明星的梦想，童年的时候她觉得明星只要负责漂亮就可以舒舒服服躺着让别人来服侍。长大后知道，明星并不是如想象中那样轻松，虽然知道艰辛，但她依然对娱乐圈有执念。她说自己想尝试很多不一样的人生，唯有演员这个行业可以满足自己的需求。不过她一路走来却和自己演过的那些“路人甲”一样，坎坎坷坷却又平平无奇，都没有等到好的结局。

21 岁的左萌，只身从上海前往横店开始了自己的群演生活，经历了一年多在各个剧组跑龙套的生活之后，她终于签约了一家影视文化公司，开始接一些带情节的小角色。不守在剧组的时候，她需要参加演唱、舞蹈、演技、声乐、语言等多方面的练习和培训，每天的舞蹈训练经常会持续 8 个小时，身边围绕的同事，要么是十几岁面容姣好的少年，要么是科班毕业的学生，只有她在 21 岁才正式接触演员这个行业。贫穷、忙碌和随时可能被公司解约的压力，时常令人抓狂。

幸运的是，两年以后她终于正式开始了自己的演艺之路。先后参加了几档并不算太火的综艺节目，还拍了几个商家广告，在一些偶像剧中演了女六号。她把自己的微博名改成“十八线演员左萌”，空闲的时间里，会拍一些视频和照片发布上去，渐渐也收获了不少忠实粉丝。

有朋友调侃她终于要大火了，她却说这样就挺好的，能满足自己经历不一样人生的愿望，又不会太引人注目，从而失去自己的生活。

这几年左萌的恋情一直都很低调，她说自己骨子里是个很传统的姑娘，不希望私生活被过多干涉，希望能有更多的私人空间。她因为在综艺节目里常常妙语连珠，逐渐也获得了一波观众的喜爱，甚至有粉丝将她和节目中另一位常驻嘉宾凑成一对 cp，节目组为了收视率，也乐得满足粉丝的一些小心愿，在后期制作上也会为他俩配上一些浪漫的装饰。

但在生活里，左萌和那位男嘉宾并没有更多的联系，她的感情依然一片空白。家人终于开始为她的婚姻着急，但她总是回应说："没有遇见合适的。"

左萌七年演员合约期满后，没有续约，反而用这几年赚的钱，成立了一家小型工作室，还签了三位演员。她的工作逐渐稳定，也经历过几段失败的恋情，年龄也越来越大，心态越来越平和。她把自己活成了不需要爱情的样子，对待感情也越来越懈怠，似乎再也不想去寻找属于自己的爱情了。

谁都没想到，她会在自己 34 岁生日当天，直接甩出结婚证向全世界宣布自己的爱情，原来她的意中人早已踏着七彩祥云找到了她。

左萌和丈夫两人是在伦敦政治经济学院读书的时候认识的，丈夫学的商科，却经营着自己的音乐工作室，他熟悉射箭、射击、跆拳道，性格也很温和。求婚时他把左萌当演员那七年所有演过的角色视频剪辑在一起，他懂得欣赏这个姑娘背后的倔强和骄傲，也心疼她十几年的坚持。这个优秀善良的男人，也许是左萌坎坷的成名之路上收到的最好结局吧。

最好的爱情从来都不怕太晚，34 岁的左萌，遇上了最好的爱情。

我们身边总有一些姑娘，她们刚过 20 岁就陷入一种恐慌，过了 25 岁之后怀疑自己真的会嫁给爱情吗？于是开始敷衍，敷衍自己也敷衍爱情。然后遇见一个条件合适的男人，在双方家长的撮合下，带着不甘和不满，和不爱的人将就着凑合一辈子。

在这个全面提速的时代，爱情也悄无声息的变成了“速食爱情”。一段爱情的开始无须有太多的缘分，也不会耗费太多的时间和精力，两人在相识一周后，就能确认对方是自己的真爱，能说出“非卿不娶，非君不嫁”的誓言。可是一旦觉得不合适了，就立马换下一个目标。大概是因为得到的太容易，于是分手渐渐的也无所谓了。

可是好的爱情，在来的路上从来不会着急，它会不紧不慢恰好赶来。

匆忙的爱情就像是用药水催熟的苹果，看着甘甜鲜美，吃起来却索然无味。好的爱情则像是小火熬粥，在合适的时间把水和米丢进锅里，用小火不紧不慢的熬，最后粥沸腾了，米也煮开了。感情用心不用心，看柴火就行，爱的深不深，看水就行。那个刚刚好的人，会给你一份不紧不慢的爱情，水不多不少，火候不大不小。

每个人都会拥有自己最好的爱情，不管早或者晚，只要愿意相信。

更重要的是，在爱情来临之前，我们要努力成为最好的自己，无论曾经的爱情道路有多么坎坷，只要我们愿意去提升自己，让自己变得优秀，总会遇见那个同样优秀的对方，然后开始一段幸福美好的爱情。

在最好的时光遇见他，然后开始一段不紧不慢的爱情。

左萌和男友相识于一场留学生聚会，当时两人只是在朋友的介绍下，互相寒暄了一场而已。后来两人又在图书馆、咖啡店、街边偶遇了几次。从陌生逐渐熟悉，从初次相识到确定恋爱，两人用了九个月，和那些青梅竹马的爱情相比，这个时间并不算久，但若和速食爱情相比，这个过程就像相识了一个世纪那样漫长。

其实左萌在娱乐圈里打拼多年，遭受过很多质疑，这么多年来，她经历了工作里的大起大落，风风雨雨，虽然也有过绯闻，但从没见她承认过谁。可如今，她却大方示爱，颇有一种兜兜转转，我终于等到你的模样。

以前我们总听长辈说，两人从恋爱到结婚最好要有个两三年，给彼此之间留出熟悉对方的时间。可也有人说，恋爱时间不能太久，否则不易长久。要趁着两人还没发现对方缺点，满心都是对方优点时，把自己和对方牢牢地绑在一起，然后一辈子也就过去了。

但在我看来，爱情这件事，其实和时间没多大关系，它是一种默契和信任。相爱的两人相遇后，她们会在交谈中发现，彼此之间竟然有那么多聊不完的话题，她们会一起去看日出日落，一起聊着生活里的琐事，爱情也悄悄在她们中间萌芽。

好的爱情不会太快让两人感觉突兀，也不会太慢让人等得着急。它是一种感觉，遇见对方后，就仿佛听到心底那颗叫爱情的种子发了芽，然后两人守着那株幼苗施肥、灌溉、捉虫，不疾不徐等着它不紧不慢地成长。

所以你看，爱情没有快慢只有刚刚好而已，两人在合适的时间相遇，彼此欣赏又彼此独立，然后携手一起去看皑皑雪山，去看江南烟雨，不紧不慢地经营着自己的爱情，然后在时机成熟后，爱情的幼苗不紧不慢地迎来开花结果，幸福也悄然而至。

希望我们都能遇见这样一个人，无关时间、地点、地位这样的客观事物，只要余生有他，之前经历的所有风雨都没关系。从遇见他的那天起，彼此就像对方的影子，余生形影不离。那一刻才能告诉他：“谢谢你让我明白，爱情没有快慢，只有刚刚好而已。”

爱情来了就不要害怕

总有一些姑娘喜欢说，现在嫁给爱情太难了。其实不是嫁给爱情难，难的是我们遇见爱情却想的太多。

我的朋友曹聪闪婚了，她和老公认识一周就准备领证了。家里人都劝她三思而后行，毕竟婚姻是女人一辈子的大事，还是多相处一段时间比较好。纵然大部分亲友对她们的婚姻持怀疑态度也没影响两人的感情。

她说："我俩是一见钟情，看见对方的那一刻就被对方吸引，聊天一个多小时后，就确定对方是自己想结婚的人。"

曹聪和老公是因为工作认识的，当时曹聪去男方的公司提交一份文案，却不想第一次见面，两人就约会下班去看电影，然后确定了恋爱关系。

我发现越是这样对爱情不思前想后的姑娘，好像越容易获得真爱。她们不矫情不做作，爱了就是爱了。她们不计较爱情里的附加条件，用全部的精力去体验爱情本身的美好。

总有一些姑娘喜欢说，现在嫁给爱情太难了。

其实不是嫁给爱情难，难的是我们遇见爱情却想的太多。你喜欢看书，他喜欢打游戏；你不了解他的游戏皮肤，他不懂你的口红色号；甚至你是一线城市户口，他家却连个房子首付都出不起，这些都成了拒绝爱情的理由。

很多时候，我们遇见了让自己心动的男人，却只有一个结局："我很喜欢他，但我们真的不能在一起。"

但这个世界上又有谁和谁是百分之百匹配的？爱情本身就是一种过程。爱情不一定有美好的结局，真正令人难忘的其实是它的过程。

很多姑娘并不懂，她们更愿意去追求一个结果，于是错过了太多美好。

大多数姑娘选择结婚对象，首先考虑的便是房子、车子，即使再心动，只要稍有一点偏离了原来设定的框架，也只能遗憾分手，我们的爱情就这样被现实一步步打败。

所以，如果遇见爱情，你敢不敢为你自己那一刻的心动拼一下，就算没有结果，也不会后悔。毕竟爱情不是一房一车，也不是身体欲望，而是明知不可为而为之的勇气。

二十多年过去了，大家依然对紫霞仙子与至尊宝的爱情念念不忘，不就是因为被那段明知没有结果，却依旧飞蛾扑火的爱情打动？感受过，体验过，就已经足够珍贵，足够美丽了。其实遇见爱情后大家都会害怕，害怕开口后没有结果，怕分手后会给生命留下遗憾。

徐志摩说："一生至少该有一次，为了某个人而忘了自己，不求有结果，不求同行，不求曾经拥有，甚至不求你爱我，只求在我最美的年华里，遇到你。"

爱情的发生总是特别偶然，就像我们小时候遇见特别喜欢的洋娃娃，只看了一眼就能各种耍赖让妈妈买。只是小时候的我们敢于去争取，而长大后的我们，面对爱情却有些畏畏缩缩。

事实上人生中没什么事可以像爱情一样，真正能让人这样主动掌控。尤其一个姑娘若能够掌控自己的爱情，就一定能掌控自己的人生，哪怕这份感情真的没什么出路。

一个能掌控自己爱情的女人，就是那个知道自己要什么，该怎么活的女人。她们能对自己负责，爱上他就要告诉他，尽可能成全自己，不问结局如何，只求问心无愧。

董卿曾经说过："对于别的事情你可以说值不值得，但唯独爱情，你不能用这个衡量。爱情的每次发生，都是值得的，不管有无结局，都会丰满你的人生。"

杨子的家教很严，所以她的初恋姗姗来迟。她上大一的那个暑假，认识了一个已参加工作的男孩，对方比她大几岁。两人谈了几个月的恋爱，最后感情就无疾而终了，因为杨子要到北京继续读大学，而他要留在深圳工作，两人不能继续整日厮守在一起，虽然时常也会通信，但事情一忙，也就忘记了。

她的初恋来得快，走得也快。虽然后来不会轻易想起，但也从不曾忘记。

张爱玲说过："也许每一个男子全都有过这样的两个女人，至少两个。娶了红玫瑰，久而久之，红的变了墙上的一抹蚊子血，白的还是‘床前明月光’；娶了白玫瑰，白的便是衣服上的一粒饭粘子，红的却是心口上的一颗朱砂痣。”

同样，大多数女人也都会经历几段感情。有些人因为某一段恋情的结束而一蹶不振，或是后悔这段恋情的开始，或是心生抱怨，直呼某段爱情的出现太不值得。殊不知，爱情的每次发生，都有它的可取之处，也有它值得发生的原因。

即便一段爱情以不美好的姿态谢幕，我们也应该继续对爱情充满信心，认真对待下一段恋情。不管到了什么样的年龄和时代，曾经受到什么样的伤害和挫折，我们都要永远相信爱情。

露露在一次聚会上遇到了她的真命天子，他是一位学者。聚会最后有一个互送礼物的环节。参与聚会的人都事先准备好了一份礼物，入场时那些礼物又被编上号，放在了一起供大家抽签获取。

露露抽到的是一只粉水晶镯子，盒子里还有一张小纸条：“希望获得这个礼物的是一位女生，因为粉水晶能给女孩子带来爱情。”

单身的露露那一刻十分欣喜，她觉得自己已经喜欢上了这个送水晶镯子的男人，哪怕不知道他长相如何，工作如何，她就是喜欢上了。

于是她去活动主办方那询问准备这份礼物的人，很幸运，那个人最后成了她的老公。半年后他们举办了婚礼，当时露露神情笃定地说：“我找到了最适合我的人，找到了可以彼此理解并共度余生的伴侣。”

那不是露露的第一次爱情，也不是她的第一次婚姻。但正是因为她对爱情坚守，用心对待每一次爱情，最终才获得了幸福。

她说：“好的婚姻对女人来说真的太重要了，不管职场上有多少难关和压力，有了幸福的家庭，你心里始终是踏实而有力量的。我很感谢自己过往孤单岁月里的坚持，感谢自己始终相信爱情。生活，以我最想要的方式回报了我。”

所以，无论你遇见谁，他都是你生命里该出现的人，绝非偶然。他一定会教给你一些什么让你成长。没有人是无缘无故出现在你生命里的，每一个人的出现都是缘分，都值得我们去感恩和珍惜。

没有谁能够预知自己下一刻会遇见谁，也不知道自己的爱情什么时候会来，但我希望当你心动的时候，能够给自己也给对方一个机会。那时候你会发现，爱情其实真的没那么难。我们不能因为害怕最后可能会到来遗憾，而拒绝所有的爱情，毕竟难得遇见相爱的人，那么就不要害怕，勇敢向前。

男人值不值得爱，看三点就知道

爱情聚聚散散哪有那么多理由，他爱你的时候，你的所有缺点都可爱。他不爱的时候，你吃饭无意中掉下来的一根头发，他都难以接受。

夏夏最近在和男朋友冷战，原因是某天男友在夏夏的淘宝帐号上发现她新买的那个包竟然需要1888元。发现这个真相后，男友立刻不淡定了，立刻指责夏夏："你每个月工资也只有七八千，却花两千块钱买包，你实在太不懂事了。"

然后他还啰嗦了一堆，比如嫌她买东西贵，不顾及两个人的未来；比如说她不会理财，没有存钱的观念；比如说她败家，竟然买这么奢侈的东西。

夏夏总是嫌男友抠门，不会生活，生命里除了赚钱就是攒钱，恨不得一个人活成橡皮树，不吃不喝，每天晒晒太阳就足够了。

夏夏问我怎么才能改变男友这样抠门的性格，我对她说："你永远不要指望去改变一个男人，尤其是三观。本身就不是一个世界上的人，又怎么会相互理解。"

想起前不久微博上有个热门话题是关于相亲的，内容讲的是一个月薪上万的工程师，相亲的时候穿了一件起球的衣服，顶着油腻的头发，约着相亲的姑娘去吃快餐。在姑娘提议要去看电影的时候，工程师直接拒绝，说自己只在电脑上看电影，感觉去电影院是一种浪费。

相亲结束后，那位姑娘拒绝了他。工程师在网上抱怨现在的姑娘太物质，说自己只是习惯了节约。

网友议论纷纷，有人点赞工程师，觉得现在的姑娘的确不会过日子，眼里只剩下钱。但也有人说工程师太抠门，不注重生活品质。

我觉得两人其实都没有错，只是双方价值观不合罢了，第一时间就发现对方的真面目，避免了婚后的不幸福，这样也挺不错的。

尤其对于一个女人而言，在婚前擦亮眼睛，看清男人的真实模样和人品，才能做出正确的决定。

林希的新恋情刚开始一个月就结束了，原因是她看到男友晒在朋友圈的一份账单。年近 30 岁的男人，月收入的三分之二贡献给游戏装备，剩下的吃喝玩乐花个一干二净。

林希无法想象，这样一份入不敷出又毫无规划的负资产账单如何撑得起婚姻生活。

林希说："我可以接受一个爱玩儿游戏的男朋友，但不能接受没有金钱观的丈夫。"

有人说对方买游戏装备的钱是他自己赚来的，而且每个人都有自己的兴趣爱好，林希干涉的有些多了。

但林希解释说，并不是自己过度干涉，而是他作为一个成年人，却没有金钱观和责任感。若是婚后他以透支为代价支撑自己的爱好兴趣时，那时候自己的婚姻才真的是经不起一点人生风险。

林希说，她从不以是否有钱来评价一个男人，而是看他对金钱是否有足够的支配能力。值得嫁的男人，不在于他的账户里拥有多少存款，而是他对于有限的金钱能否保有无限的支配能力。

有一个男性同事，长相不错，收入不菲，却一直没能遇见想嫁给自己的人。他也相亲过几次，可双方见过几次后，都不了了之。

我们总奇怪究竟哪里出了问题，后来到他家做客才恍然大悟。他家从客厅到书房都铺着豹纹花样的地毯，墙上贴着金色的壁纸，沙发也是五颜六色的，电脑里播放的是《我们不一样》，恍惚间我以为自己身在 KTV 包房。

我问他："这是你自己设计装修的吗？"

他说："对呀，难道不好看吗？"

我默默看他指着墙上挂着的炫彩吊灯，兴高采烈地给我们介绍那是从哪个家居卖场买回来的样子，总算明白他见过的姑娘们，在和他相处一段时间后，为什么都不再出现了。

我能想象到，那些渴望组建一个温馨浪漫家庭的姑娘们坐在他的身边，曾多么如坐针毡。没有谁规定家里不能装修成 KTV 风格，可是一个整天生活在这种环境下的男人，难免让人质疑他的生活品位和生活状态。

曾有网站做过调查，在"你如何筛选灵魂伴侣"的问卷中，排名第一的筛选标准是“三观相合”。在“你如何判断和未来对象的生活品质”的问卷中，排名第一的判断参数是“他有什么样的审美，未来就有什么样的生活品质”。

所以找一个与自己三观契合的男人，两人一定有相同的审美。涂磊曾说过：“肤浅的女人只爱颜值，聪明的女人更爱才华，明白的女人最爱人品。”

大部分女人都会通过男人的外表和生活环境，识别这个男人的品行与格调。

曾有一个姑娘来和我抱怨，说自己男朋友长得太帅，总是招蜂引蝶，她不止一次发现男友和其他异性暧昧不清。一边假装自己忠贞不二，一边又在背地里说自己是单身，和其他女人不清不楚，弄得自己很没安全感。她问我该怎么办？

我安慰她说：“能早点认清这个人的真面目也好，这样才能做到及时止损，不让自己越陷越深。”

姑娘问我，难道没有什么办法能让他不离开自己吗？

我回答她：“问题并不是出在你身上，而在于你男朋友的态度，一个值得爱的男人，他会为你拒绝所有暧昧。”

现在这个世界的诱惑太多了，各种活跃的聊天软件层出不穷，一不留神就会掉入暧昧的漩涡里，毕竟那些朦朦胧胧的暧昧关系更让人觉得新鲜和刺激。

但你要相信，一个人若是爱你，想跟你走完这一生，他最直接的表现就是，为你拒绝所有的暧昧，爱并且只爱你一个人。

他会时刻把你放在心上，会挖空心思去揣摩你的喜好，无论你们在一起多久，在他的心里，你都是唯一选择，并且没有其他备选。

微博上有一句话说："我无法预知明天是风是雨，也不知道未来有多少坎坷，更不知道我能爱你多久。可我唯一可以确定的是，此刻我是爱着你的，还想和你在一起，想和你牵着手走完一辈子。"

你看，如果一个人真的爱你，那你就是他未来里的每一个期许，他所有关于未来的计划，都有你的一席之地。即使前路漫漫，甚至完全看不到希望的轨迹，他也会努力让你们的生命有所交集。

阿洁的初恋当初主动和她说了分手，因为男方要出国了，他不想耽误阿洁。可阿洁当时完全陷入了爱情，她放下所有的尊严想挽留对方，她说自己愿意等他，没想到他却说不愿意。

后来阿洁才知道，他要分手根本就不是因为怕耽误自己，而是因为喜欢上别人了，他和那个女孩说，希望她能等着自己回来。等他回来的时候，两人就结婚。

那时候阿洁才明白自己曾经有多傻，一个男人若真想和你共度余生，那么他的未来规划里怎么可能没有你，他又怎么可能放心让别人给你幸福？

电影《等风来》里面有一个片段，一个姑娘说自己因为献了一袋血而分手。她说当时和男友约会的地方，恰好停了一辆献血车，男友迟到了，而她等得无聊就决定奉献爱心，上车去抽了一袋血。正好抽完的时候，男朋友也赶来，姑娘对他说："你看，我等了你一袋血的时间。"然后男朋友就说了分手。

那个姑娘问这到底是为什么？

其实爱情聚聚散散哪有那么多理由，他爱你的时候，你的所有缺点都可爱。他不爱的时候，你吃饭无意中掉下来的一根头发，他都难以接受。

所以，真正爱你的男人，他会为你调整规划并改变自己。

两个人在一起，其实是一个相互磨合的过程。世界上没有完全合适的两个人，只有互相迁就的两个人。想要携手走完这一生，如果彼此都不愿为对方做出改变，不想妥协，那么这段感情迟早会一拍两散。

其实好的爱情只有爱是不够的，因为它最终还是要回归到柴米油盐这些琐碎的事情当中，所以它才更需要双方学会理解和分担。

我曾在豆瓣上看到一条留言说，“和男朋友分手了，因为我有洁癖，他说自己接受不了。”

其实这正是因为他不爱罢了，真正爱你的人反而会为你改变很多，改掉自己的坏脾气和臭毛病，变成你喜欢的并且是更好的样子，他肯为你全力以赴排除万难。

我希望所有的姑娘都能遇见这样一个值得自己爱的男人，然后一直牵着这双手，永远不放手。

女孩做这些事情为幸福加分

姑娘，无论你现在是否处于爱情状态，我希望你能有自己明确的恋爱观，无论遇见怎样的爱情都能保持自己这三种能力，不要辜负爱情，也不要辜负当下的自己和爱你的人。

君君分手后情绪一直很低落，面对来安慰自己的朋友，她像祥林嫂一样，不停地重复自己的悲伤，她说自己真傻，明明对方已经出轨，可自己却是最后一个知道的。她说以后再也不相信爱情了。

蔡康永给自己未知恋人里有一条爱情短信，说："上段恋情，全心投入，结果重伤。于是这次恋爱怕受伤，就很保留。这意味着，上次那个伤你的烂人，得到过最完整的你，而这次这个努力中的情人，却得到个很冷淡的你。我知你是保护自己。但这若是做生意，你这店一定倒的。永不再来的恶客，得到最好服务，而新客上门，却备受冷落，这店怎么不倒？过去的就让它过去，享受现在的才是最重要的。”

每一段爱情都是独立的，我们不能保证自己永远不在爱情中受伤害，但我们可以保证下一段爱情，不会受到上一段感情的影响，毕竟每一段感情都是独立的。

优秀的姑娘永远保持相信爱情的热情，遇见对的人就全身心投入，不会因为之前深深爱过而敷衍这段感情。

每一段感情都有它自己的样子，哪怕看过一样的电影，逛过一样的街道，遇见过一样的陌生人，但站在你身边和你牵手的那个人已经不再是从前的人了，他是全新的、热情的、爱你的人。

他虽然没生活在你的过去，却会带给你上一个人没带给你的未来。所以千万不要因为一次爱情的失败就厌倦了爱情，好姑娘永远有拥抱爱情的热情。

木木从 24 岁开始，亲友们就开始给她安排相亲，结果到了 28 岁，她依然单身。有长辈劝她：“找个差不多的就行了，女孩子年龄越大越不好嫁。”

木木想想觉得很有道理，于是在接下来的那场相亲里，她投入了百分百的热情，即使她清楚的知道自己不爱对方，和他也没有共同话题。

但木木说这有什么关系呢？他们两人除了没有感情，其他从工作、家境到长相、学历都很适合呀，他们的婚姻在大多数人眼里已经是“性价比”很高的了，自己还有什么可挑剔呢？

的确，在成年人的世界里，什么都讲求条件和性价比，包括婚姻。但我依然希望每一个姑娘都不要为了各种目的假装爱一个人，也不要用各种物质条件去交换一份婚姻，真正美好的婚姻一定是因为爱情。

我知道陷入爱情里的姑娘，总是希望能够每分每秒都陪在对方身边，恨不得用胶带把两人缠在一起过一个人的生活。但所有人都需要有自我空间，一味地黏人，只会让爱情越走越远。

总有一些姑娘在恋爱后会习惯性地把另一个人当做自己世界的中心，以他想要的为半径画一个圆，把自己圈进去。

但这并不是爱，而是自私的占有欲。爱情不会是你生活的全部，相反它只占了生活中很小的一部分，你需要把更多的精力花费在丰富自己上，而不是过分压缩爱情的隐私空间，否则爱情只能走向终点。

因为爱情冷落亲情、友情这样的姑娘也并不少见，但我希望你能不因为爱情放弃自己的生活。至少当对方选择离去的时候，你还有朋友可以倾诉。我希望你能记住一句话："爱一个人不要太满，八分刚刚好。"用八分的热情去恋爱，留一分的神秘和一分的独立，让对方在享受自由的同时，又对你充满好奇心。只有这样，爱情才能够甜蜜而又长久。

我的朋友小然各方面都很优秀，只是每次遇见爱情的时候，她就甩掉了自己所有的理智。帮别人分析感情纠葛时表现的很洒脱，但自己谈恋爱的时候，就完全失去了分寸。

也许爱情就是有这种魔力，让人一次又一次地修改自己的原则，然后在跌倒爬起之后，毫不犹豫地再次跳进去。

无论怎样，我希望每一位姑娘在爱情里能保持随时离开的能力，这样感情的路走起来才不会太波折。哪怕有一天爱情路上只剩下你一个人，依然有继续走下去的力量。

如果你发现自己男友劈腿闺密，你会怎么办？

我的朋友唐冬用实际行动说明，什么是一个女孩分手时最该有的姿态。

周五唐冬出差回家，发现男朋友和自己的闺密亲吻在一起，那一刻她以为自己走进了八卦杂志里，要不然自己的生活里怎么会出现这么狗血的剧情。她没有吵闹质问，也没有试图去挽留，只是关上门沉默地离开了。

唐冬说那一个晚上，她不仅失去了爱情，还失去了友情。面对感情背叛，她能做的只是头也不回地离开。

唐冬和男友恋爱 3 年，这 3 年里两人究竟谁付出的多，谁承担多，谁心酸无奈多，其实都是说不清楚的。

我对唐冬说："这样体面地离开姿态，不是每个女孩都做得出来的。"

她苦笑着说："这么多年的感情怎么可能说散就散，其实在转身的前几秒，我脑子里冒出了很多想法，比如要不要给他一个解释的机会，比如就当作从没发生过，比如大声质问原因。但无论选择哪一种，我都会变成自己最讨厌的模样。纠缠、吵闹、拉扯、不肯放手，那样太难看了，我为什么不活得酷一点，既然曾经眷恋的感情已经不在，那就不要拖拖拉拉，从那一秒就分手。"

这份爱情里，唐冬不是没有委屈，只是想保留住自己最后的体面。

唐冬和男友是一见钟情。她爱他聪明的头脑、幽默的谈吐，他喜欢她温柔的脾性、明媚的笑容。

相恋后的日子也相当甜蜜，她带他领略人文艺术，给他充满诗意的浪漫；他给她坚实的壁垒港湾。

然而，相爱容易，相守难。3 年的感情，最后竟以最残忍的方式被破坏，唐冬能维护住的，也只是彼此之间最后那点体面。

村上春树曾说：“如若相爱，便携手到老，如若错过，便护他安好。”

所以，面对感情的离去，体面分手才是对彼此最大的尊重，而保有尊重，才不枉相爱一场。

多少人相爱时浓情蜜意，分手时却互泼脏水，互相揭短，闹得十分难看。殊不知，抱着“谁也别想好过”的心态分手，不仅让苦心经营的感情沦为他人茶余饭后的谈资和笑料，还将昔日的恩爱全盘否定，把所有的不堪，摊平在大众面前给大家看。

爱情里，体面地分手是对彼此最后的成全。

有朋友为了安慰唐冬，大骂她前男友就是渣男。唐冬制止了，她说：“虽然我们的感情最后被时间消磨干净了，但不可否认他其实很好，我们只是败给了时间和生活。我们曾共同走过一段岁月，彼此给对方最温暖的依靠。若是现在因为分手来质疑他，岂不是在质疑我过去 3 年的眼光？”

爱得轰轰烈烈，不如体面的结束。唯有如此，才能真正放下。只有体面的分手，才会在对的时间遇到对的人；只有向过去彻底告别，才能开始一段真正的新生活。

我希望每一位姑娘在爱情里都能拥有体面分手的能力。相爱时，大家可以爱得坦荡，爱得疯狂。分开后也希望大家能说一句“我爱你不后悔，但也尊重故事结尾”。

无论你现在是否处于爱情状态，我希望你能有自己明确的恋爱观，无论遇见怎样的爱情都能保持自己这三种能力，不要辜负爱情，也不要辜负当下的自己和爱你的人。

我希望你能做一个闪闪发光的自己，带着你独属的一份恋爱观，然后去追逐一段属于你的最好的爱情。

你很好，但我也不差

真正的爱情绝不是其中一方毫无底线地付出，而是双方坚持自我的包容。你喜欢吃酸，我喜欢吃甜，真正的爱情是餐桌上酸甜各占半边天，而不是全部都是酸的。你可以为了喜欢的人努力成为更好的自己，但不能为了他，变成另一个自己。

静雅说她第一次见到张医生的时候，紧张到手抖，连走路都是顺拐的。为了引起对方的关注，静雅可谓是煞费苦心。她旁敲侧击了解到，张医生每周末会到动物救助站照顾流浪小动物，于是二话不说，她就去动物救助站领养了两只小狗，就为了创造共同话题。

那阵子静雅几乎每天都会牵着狗悄悄“潜伏”在张医生下班回家的路上，制造各种各样的偶遇。因为喜欢，所以每次见到他时，静雅会因欢喜而无措，迫不及待地想靠近，又怕自己的鲁莽吓到他。

后来，两个人刚在一起时，张医生无意中说自己看上了一款机器人，静雅偷偷在网上找了好几天，然后想都不想就买了，即使那相当于自己半年的房租，她依然没有犹豫过。

有朋友劝她，不要一开始就在感情里投入太多，静雅总是回答："我喜欢他，他在我眼里是最美好的，我愿意倾其所有，把一切美好的东西都给他。"

恋爱两年，静雅依旧会说："遇见我男朋友，简直是命运给我最好的恩赐。"

朋友都说静雅对张医生的喜欢已经多到从心里溢出来了，从遇见他的那一刻起，静雅的眼里就再也没能住进别人的身影。长久的相处不仅没有消磨她对张医生的感情，反而让她越来越沉迷。

张医生说喜欢长发姑娘，静雅专门去做了接发；张医生说喜欢活泼的姑娘，向来好静的她就陪着他参加各种聚会；张医生说喜欢传统会做菜的姑娘，于是她报了烹饪班，为他洗手作羹汤。

静雅用最笨拙也最诚实的方式无限靠近他的理想型。偶尔也会觉得疲倦，但她总会安慰自己："谁让你爱他呢，感情不就是需要不停地妥协吗？"

可是天长地久的爱情从来不是靠一个人的死撑，太卑微的感情永远结不出成熟的果子。爱情本该是相互吸引的两个人之间的对手戏，只有一个人努力迁就、不断仰望的爱情，时间久了，便容易唱成一个人的独角戏，另一个人黯然收场。

后来张医生爱上了别人，那个姑娘留着短发、不善交际、不会做饭，和曾经的静雅有几分相似。

静雅为爱情付出了全部，却一直没弄明白，爱是一场博弈，必须保持永远与对方不分伯仲、势均力敌，才能长久依偎在一起。

因为太强的对手让人疲惫，太弱的对手令人厌倦。真正成熟的爱情，应该是双方有足够的力量独自前行，而不是寄居在男友身上。

我们身边或许都有像静雅这样的姑娘，她们漂亮而优秀，无论在生活还是职场上都能独挡一面，但惟独遇上爱情，就开始丧失自我步步退让，最后活成自己不喜欢的样子。

她们会为了爱情一再怯懦，忘记曾经的豪言壮语，把自己的自尊和骄傲都踩在了脚下，活成弱者的样子。

她们可以为了爱情牺牲自己的事业和梦想，甚至是牺牲自己的自由和未来，却从来没想过，若自己都不爱自己，别人又怎么会去爱她。

爱情里的双方一定是平等的，相互之间的生活也绝不是一方无止境的妥协。他们若向前则共同携手，若后退则彼此扶持。

其实静雅喜欢上张医生的原因很简单，那天正好下雨，静雅手里搬着重物且没带伞，恰好路过的张医生为她撑起了一把伞，可能就是在那一刻，有一个叫爱情的种子在她心里发了芽。

静雅说大概一个人生活的时间久了，被生活磨砺的她，早就不会心疼自己了，于是张医生这样的绅士善意，很容易就打动了自己，并且又在一遍遍的回味中，将其不断美化。

那天张医生帮她把重物搬上了出租车，又将她安全送回了家。他说自己刚好也没有什么急事，而一个姑娘抱着重物在雨天很不方便。于是静雅就这样沦陷在他的温柔里。

静雅说自己单身二十多年，却是第一次冒出“想谈恋爱，想和眼前的男人谈恋爱”这样的念头。

于是静雅心心念念着那位偶遇的男人，经常蹲守在两人初次见面的街口，终于在一次尾随中知道了他是市中心医院的医生。

大概陷入爱情里的姑娘都有一种不顾一切的冲劲儿吧，为了接近他，静雅故意剧烈运动造成韧带拉伤，然后挂号到他的门诊下看病。

她几乎想尽了所有的办法去接近他，甚至他的同事都感觉到了她的那份用心，慢慢的会和她开一些感情的小玩笑。静雅和张医生竟然就这样在所有人的默认中恋爱了。

可能许多姑娘们生命里都会出现这样一个人吧，他细心体贴，善解人意，几乎占尽了自己全部能想象出来的美好。

遇见他后，每一天每一秒都恨不得和他黏在一起，遇到再大的困难，只要想到他，仍然会忍不住地笑，心里会充满幸福和满足。哪怕明知自己爱他远超过他爱自己。

会期待和他的每一次见面，见面之前定会精心打扮一番，因为想呈现出最好看的自己。无论相爱多久也仍会害怕自己的某个举止，某种习惯不合他的意，所以总是小心翼翼。因为害怕被对方嫌弃自己因熬夜而留下的黑眼圈，于是每次见面都不敢抬头看他的眼睛。明明不喜欢什么高雅的古典音乐，却穿上裙子和小皮鞋去听音乐会，假装和对方偶遇。会因为他礼貌性的微笑问好心动，会在他看到天冷了给自己披上外套时脸红，甚至会把他一个顺手的关怀悄悄揣在心里，到夜深人静时再拿出来回味。

其实我打心眼里为静雅感到心疼，不仅是心疼她两年的爱情最后还是说散就散，更是心疼她为了迎合自己喜欢的人默默隐藏真实的自己，硬生生把自己变成了另一副模样。在爱情面前，她是那样卑微，那样的她竟让我有些惋惜。

静雅从未想过，在爱情里活得那么卑微的自己真的值得被爱吗？

要知道，这种卑微和牺牲的方式下面所隐藏的是一个人深深的无力与匮乏，所以才要去别人那里找到自己存在的意义，可是当你把自己打造成他喜欢的样子时，你就已经失去了获得一份好的爱情的权利。

因为爱的太小心翼翼，所以在关系里丧失了真实的自己，天长日久下来，在这段关系中被忽视变成了理所应当的事情。因为你的喜好不重要，你的性格不重要，你的任何事情都不重要，你和对方都默认了这个事实，你先把自己弄丢了，自然对方也不会重视。

真正的爱情绝不是其中一方毫无底线的付出，而是双方坚持自我的包容。你喜欢吃酸，我喜欢吃甜，真正的爱情是餐桌上酸甜各占半边天，而不是全部都是酸的。

姑娘你一定要记住，你可以为了喜欢的人努力成为更好的自己，但不能为了他，变成另一个自己。爱情里面一定是尊重的，真正爱你的人，不会让你活成那么卑微的样子。他应该是那个舍不得让你受一点点委屈的人，他应该是那个护你周全，让你可以一世安稳的人。

姑娘，要知道你足够爱自己，别人才会爱你。千万不要在爱情里妥协，更不要把日子过得卑微，因为那样一点都不酷。你只有在自己的世界自立为王，才能在爱情中活成女王。

谈一场势均力敌的恋爱吧，你有你的抱负，我也有我的理想。你有你的空间，我也有我的自由。我们不必彼此费力讨好，也不用某一方停下来等待。只要做自己就好，两人结伴而行，不会因自卑而躲开谁，而是骄傲地对他说："你很好，但我也不差。"

他们用这些方法熬过了异地恋

后来我才知道，所谓异地恋并不是我和你之间隔着繁花与海洋的距离，而是无论你选择哪一站做终点，都买不到抵达他心里的机票。

刷朋友圈的时候，看到有人贴出了一张聊天记录，吐槽自己那段输给距离的爱情：

“分手吧。”

一个半小时后才收到一个字回复：“哦。”

我忍不住叹了口气。大概爱情变冷就是这样吧，不再时时刻刻盯着手机，生怕错过你的任何消息；不再大费周章地想段子逗你开心。所有的回答渐渐被一个“哦”字替代，甚至到最后连分手也只是发了一条消息。

这感觉就好像是抱着一瓦罐热汤，满心欢喜地想捧给他喝，却因为距离遥远，最后汤冷了，欢喜也淡了。然后瓦罐丢在了路边，汤洒了一路，原本的爱人也变成了不爱。

以前我总以为异地恋就是两个人的日子要过成一个人的样子，隔着千山万水的距离心却系在一起。最后有的人成了异地恋中的英雄，就像飞鸟和鱼依然坚持到了圆满的结局。有的人却在日复一日的猜疑中走到了尽头。

后来我才知道，所谓异地恋并不是我和你之间隔着繁花与海洋的距离，而是我再也买不着抵达你心里的机票。

我到阿姨家的时候，表妹正把自己关在屋子里闹绝食。舅妈一脸焦急地站在门外，见到我后舒了口气："你去劝劝她吧。"

表妹和男友的"异地恋"维持了 3 年。当初男友信誓旦旦地说毕业就结婚，最后却是一张机票飞到了意大利。表妹没有怨他，自己拎着行李回了家。她说她可以等，等到他在意大利读完硕士回国的那天。

异地恋开始的时候，表妹和男朋友都很坚贞。男友隔着屏幕对表妹许下承诺："谁说异地恋就不能修成正果？我们就要来一场永不分手的异地恋。"

那时候表妹和他每天都要打三五个电话，一聊就是好几个小时，常常聊着聊着就睡着了。两人谁也不在意那昂贵的国际漫游费。

意大利和中国有 7 个小时的时差，常常表妹在这边熬夜说了"晚安"，他在那边匆忙吃了早餐去上课。他们和其他热恋中的情侣没什么不同，即使不能朝夕相伴，但依然有说不完的情话，默契的调侃和热情的鼓励。

后来表妹淋巴结发炎，高烧 39 度，一个人躺在医院做手术，吊了一天的盐水。因为时差，男友不能在表妹清醒的时候和她视频，拖拖拉拉三天后两人才再次联系上。男友在那边露出焦急的神色却又无可奈何。

表妹体谅他，说："只是一个小手术，有人陪着，不必担心。"挂断视频后却还是忍不住哭了，那种有男朋友却仿佛比一个人更孤单的感觉，原来真的很难受。

也是在那一年，他在意大利遇见了一位同样过去留学的中国交换生，那是一位很阳光很开朗的姑娘，两人一见如故相谈甚欢，更重要的是，她能陪在他身边，不用让他计算着时差打电话，在清晨睡梦迷糊中说晚安。

不知道从什么时候起，表妹和男友的通话时间越来越短，从几个小时到几十分钟再到最后的几分钟。渐渐的回答也开始被"哦"字替代，聊起任何话题都透出几分尴尬，幽默的调侃也变成了嫌弃。

表妹问他为什么？他说国际漫游话费太贵，研究生的课业太多。表妹在微信上给他留言，给他发过去满屏的"关心"，却只是在很长时间后收到他简短的回复："知道了。"

表妹察觉出他变了，终于在一个周末买了机票飞到意大利去找他。见到了男友，也见到了站在男友身边的那个女孩。

他们三个一起逛了威尼斯那座小城，坐在船上听着划船人唱着本地民谣，一起去了圣马可广场和那群鸽子合影。他没有问表妹为什么要来，表妹也没质疑为什么两人的约会多了第三个人做向导。

回国的时候，在机场，他抱了抱表妹，说："我们分手吧。"

表妹说，以后她再也不能幻想有人站在候机厅抱着玫瑰花向她求婚了。以后哪怕她找遍所有的国际航班，也买不到一张可以抵达他心里的机票。她说距离打败爱情，自己以后再也不要“异地恋”了。

我和表妹说：“我也谈过一场异地恋，但我们之间只隔了 50 米的距离。”

那时候我住在 714 公寓，他住在 707 公寓。两扇门只有短短 50 米的距离，我俩单位在同一个方向，坐同一班地铁，但是他从来没有等过我，没有和我一起走到地铁站。

有时下班回家，我会约他一起在家门口的小饭店吃饭，但更多的时候，是我打包回去送到他房间，然后看他打游戏，做视频。有时我会帮他整理房间，我知道他家客厅那个沙发的左腿有些松动，了解厨房门口第二块地板已经空心。但是，我却走不进他的世界。

我们就像处在两个星球的人，总是在巧妙地错过什么。我最需要他的时候，转身却看不到他。他总是在忙，没有特别多的时间陪我聊天、看电影。他不习惯和我在微信上聊天，不习惯回复我的消息，因为他觉得那是在浪费时间。

有时候他也会喝得很醉，一股脑瘫在床上，打电话不接，敲门不应。

我们俩分分合合无数次，在一起时感觉不到爱情，可是分手又似乎舍不得曾经恋爱过的那几年记忆。朋友形容我俩分别来自火星和水星，看似和谐却又隔着遥远的太空。

其实我知道，我俩之间只是隔了四个字：“爱得不够。”

所以，关于异地恋，距离并不可怕，可怕的是在这段距离中，大家的心意并不能顺利的传递给对方。当我们感觉不到对方温暖的时候，感情也就走到了尽头。

爱你的人，哪怕相隔千山万水，忙得日夜颠倒，也依然记得和你说一声晚安，告诉你最近身边的趣事，用信任战胜自己不能在你身边的恐慌。而不爱你的人，哪怕他就在你身边，你们之间也仿佛有千百层看不见的屏障。

爱能让天涯变咫尺，同样，不爱也能让咫尺变天涯。

异地恋有时真的很无奈，明明是有对象的人，却要孤单的一个人生活。一个人吃饭、逛街、看电影、做手术。一个人解决所有的困难。遇见好玩的、好吃的兴高采烈地扭头分享时他却不在，第二杯半价的圣代不能买，订了一张情侣的电影票，却在钱包里放到过期。

最怕的就是和他冷战，只要关掉手机，关掉网络，仿佛他整个人都能从世界上消失，再也找不到了。有时候明明只是一个拥抱就能解决的问题，两人却抱着手机沉默，任你在这边哭湿了枕巾，他却无动于衷。

即便这样，依然有一些人能成为异地恋里的英雄。他们仿佛披荆斩棘的勇士，最终跨越了空间的距离，修成正果。

那么，异地恋到底如何维持？很简单，就四个字：足够的爱。

我认识一个外科医生，朋友都叫她圆圆。圆圆 26 岁，已经结婚 3 年了。别人问她为什么结婚那么早？

她说，为了嫁给这个男人，她准备了很多年，自己还嫌结婚太晚呢。

她大一的时候就喜欢上现在的老公了，她叫他大宇，那时候两人虽然不在一个专业，却在同一个社团，两人参加一场辩论赛，分别是正方二辩和反方三辩。

她坐在他的斜对面，看他即使在最激烈的辩论环节，嘴角都带着若有若无的笑，眼神很温柔地看着对方。就是那一刻，她觉得他的样子太帅了。声音低沉，举止翩翩，笑容阳光而干净。那时候她就想，如果毕业能嫁给他一定很幸福。

大二的时候，学校在另一座城市开了分校，大宇的专业被集体搬到新校址。许多同学预测这对恋爱不超过 12 个月的情侣很快就要分手，更何况身材高挑，长相貌美的圆圆早就吸引了不少男孩子的喜爱。

但是圆圆够坚定。她告诉身边的每一个人自己有男朋友，一毕业就要嫁给他当老婆。不到一个月，全校同学都知道了这个消息。她一天 24 小时都戴着情侣戒指，朋友圈、微博上的头像都是和大宇的合影。她拒绝任何男生若有若无的暧昧，却给予大宇百分百的信任，精心维持着两人的这份爱情。

而大宇也值得被如此对待。

他也常常会在朋友圈发一些和圆圆在一起的照片，每一张照片里她都笑颜如花，而大宇在一边充当搞笑的道具。别人笑他明明长得那么帅，却被拍得那么挫，他也不在乎，说：“我老婆高兴就行。”

他每天晚上都要给女友打电话，哄着她入睡。有其他女生约她，他第一时间疏远，摆出一副男女授受不亲的直男癌姿态。

每个月他都要去圆圆的那座城市一次，为了省出路费，他每顿饭的食谱就是一个馒头一份素菜。他在所有的女生面前都不解风情，却只有在圆圆面前嘘寒问暖。

为了能尽早修够学分，早一点回到圆圆身边，他在学习上超级努力，每学期都拿奖学金。异地恋 3 年之后，他们大学一毕业，就结婚了。迄今为止，感情还特别好，打破当初那些预测两人超不过一年的流言。

其实，异地恋的成功率，没有大家所想象的那么低。在这个随时能网络视频，随时能听到对方声音的时代，再远的距离也只是坐几个小时飞机，就能牵手拥抱的时代。

只要两个人有爱情，异地又怎么可能辜负说出的承诺?

很多人都说异地恋最难克服的是距离，其实不是。异地恋最难克服的是，你不知道对方是不是会一如既往的爱你，甚至连你也不确认自己是不是有足够的爱去坚持。

有一天你会明白，所谓“异地恋”，不是你和他之间隔着繁花与海洋的距离，而是无论你选择哪一站做终点，都买不到抵达他心里的机票。

其实，所有的分手都是因为爱得不够，和异地无关。

第六辑

好运从来都眷顾有爱的女子

生活里没有“路人甲”，只要你热爱它，拥抱它，总有一天会从可有可无的“配角”蜕变成镁光灯下的焦点。时光不会辜负任何一位努力生活的女人，你也配得上更好的生活。

摄影：曾泉

你只有修炼自己才配得上更好的生活

“女人只要长得好，嫁得好就足够了”这样的言论早已经脱离了现实。能力和美貌同样重要，你在挑剔别人的时候，别人也在挑你，想过上怎样的生活，想找到怎样的老公，全靠自己修炼。

经常有人对阿朱说：“你长得这么好看，还那么拼命干吗？找一份稳定能养活自己的工作，然后嫁个有钱人就好了。”

工作第一年，阿朱在一家外企做行政助理，每月工资2000元。入职一个月，阿朱猛瘦十斤，换下学生装，化上精致的妆容，穿上职业套装和高跟鞋，阿朱正式迈入职场人行列。

工作第二年，阿朱凭借经验和能力成功爬上管理岗。工作第三年，阿朱已经做到了中层管理职位，拿着不错的收入，开着自己买的小汽车，后面跟了一群追求者。

工作第四年，阿朱嫁为人妻，老公是富一代，在当地经营着一家规模不算小的传媒公司。她虽辞去年薪工作，但一边操持家庭，一边做着自己的小买卖，收入不比老公低多少。

阿朱整个人都在告诉大家，你的生活习惯，你的家教，你对自己的要求，决定着你的人生。

阿文羡慕阿朱的好运气，也不明白短短四年时间，为什么两人之间的差距就越拉越大。她是阿朱的大学舍友，两人身高差不多，体重差不多，就连长相也都是天生很漂亮的姑娘。毕业第一年，阿文在当地一家房地产公司做销售，月薪 3000 元。

上班第二个月，她遇到在国企上班的康川，拿着丰厚的差补，穿梭在国外各个城市。两人特别合拍，康川会给阿文买漂亮的鲜花，带她品尝各地美食。恋爱第十一个月，康川提出分手，原因是家人要求他和另一位在外企上班的女孩结婚，康川对阿文说："我真的很喜欢你，如果你工作再好一点，我一定会娶你。"

那时候阿文虽然工作才一年，但工资养活自己是绰绰有余，甚至比其他同学还高一点，她最初没想明白自己到底输在哪，直到看到同样在外企工作的阿朱已经买了自己的车子，她才明白过来。

阿文辞掉地产销售的工作，到一家广告公司做文案助理，工资并没有提升多少，但工作环境变好了很多，新公司在市中心最高的那栋写字楼里，出入的都是装扮时尚的都市白领。

后来阿文又谈了几场恋爱，但最多相处两个月就分手了，她开始找自己的不足，和身边的同事一样看书增加内涵，坚持每天运动，对镜子练习化妆，照着杂志搭配服装，试着穿一些矮细跟单鞋，渐渐地她身后也多了一些追求者。

后来阿文和相亲对象相处了一个礼拜，对方说："我希望找一个经济上能帮助我的女朋友。”阿文一惊，她才意识到，原来当代女人已经不只是貌美如花就可以了，女人的能力、经济也是一个很重要的标准。

于是阿文再次辞掉工作，到一家上市公司应聘营销经理职位，她很幸运被录取了。此时的阿文还是买不起房，买不起车，但她身上已经聚集了很多羡慕的目光。阿文终于赶上了阿朱的脚步。

后来一次，阿文因为工作和康川巧遇，康川惊讶阿文的变化，一次次联系她，明显地示好。阿文不接招，她感谢他让初出茅庐的自己第一次看见这个社会的现实，他终于被自己吸引，而自己却已不再爱他。

阿文说不要用任何方式去挽留一份准备离开的爱情，你唯一能做的就是让自己变得更好，然后那些离开的会重新聚拢在你身边。生活有时候现实的让人无奈，当你变得优秀，就轮到你选择他了。

有人说阿朱和阿文两人有不同的人生规划，最后却有了同样的结果，比如阿朱一开始就有自己的规划，有自己的目标：先做好一份工作，再找一个优秀的老公。目标明确，基本没有走过弯路，似乎一步步都在她的掌控中。而阿文是在一次次被对比被嫌弃中意识到优秀对一个女孩有多重要，才开始为自己努力。

大部分姑娘都像这两个女孩一样，并不是含着金钥匙长大的公主，出生普通得不能再普通，为了能过上更好的生活，她们只能靠自己。

别说找一个有钱男人就好了，现实生活中灰姑娘是见不到王子的。童话故事里灰姑娘的真实身份也是出身名门显贵。

所以，如果你想嫁给王子，请先把自己修炼成公主。

当然，也不是非要你刻意去报课程，去抱着不爱的书艰难地啃，每天熬夜到凌晨。所谓的努力是热爱每一份工作，不会因为在职场遇到挫折就随便跳槽。在工作里慢慢积累，抓住每一个机会，充实自己，增长见识。

聪明的姑娘明白合适比昂贵更重要，她们懂得随时保养自己，舍得把钱投资给自己，她们认真生活脚踏实地对待每一天，几年时间足以让人脱颖而出。

那些“女人只要长得好，嫁得好就足够了”的言论早已经脱离了现实。能力和美貌同样重要，你在挑剔别人的时候，别人也在挑你，想过上怎样的生活，想找到怎样的老公，全靠自己修炼。

别再拿性别说事儿了，正因为你是一个姑娘，正因为你比男人的物质欲望更大，正因为你想要享受生活，你才更应该拼命让自己过成一个公主。

我身边同样有把一切希望寄托于婚姻的姑娘，她们常常会说：“女人还是找个好男人嫁了，生个孩子，轻轻松松地过一辈子才是正事。”

如果你建议她们利用休闲时间提升自己，她们一定会反驳你：“女人有了家庭后，精力就被分散了，哪有时间去提升。况且我有老公可以养活自己，不需要活得那么辛苦。”

的确，在如今的社会，女性生活水平越来越崛起。她们其中一部分还有着独立的经济能力，稳定的工作，出色的外貌。但即便是很多这样有着自己物质基础的女性，最后仍然不免俗套的落入了“嫁对一个男人，人生就过对了一大半”的前辈言论中。

嫁对的标准有很多，爱情是第一位。可同时这个男人有优秀的物质条件也成了婚姻的充要条件。

有人奋斗为了达成自己一直梦寐的理想，也有人努力整个青春只为了有朝一日能嫁给有钱人。我并不认为一心想嫁给有钱人有错，但前提是你得有配得上对方的实力。无论是嫁给爱情，还是嫁给有钱人本质是一样的，都是对婚姻的选择。同样一个女人过得好不好，也取决于自己的选择。

很多事，不过是一念之间而已，你可以选择安逸，也可以选择忙碌，你可以选择平庸，也可以选择卓越。

上周末，我和之前单位的同事一起吃饭，中途聊起一个项目合作。其中一位同事孩子刚刚六个月，就继续上班工作了。我问她没问题吗？

她很豪爽的表示："孩子都生了，我现在的状态只比以前更好。以前没有孩子，懒散点也无妨，但是现在我得给孩子做个榜样，长大了好告诉她，妈妈曾经有多么优秀。"

我能在她身上感受到热气腾腾的生命力。

我的一个闺密毕业五年后，已经从一家摄影馆的小助理蜕变成拥有自己工作室的女老板。去年她还邻城开了自己的分店，专注古典美学摄影，渐渐打出了自己的品牌。

刚认识她的人，总会去猜她是不是嫁给了一个很有钱的老公，或者本身家里就很有钱。事实上，她出生在一个很平凡的原生家庭，也一直单身。她能拥有现在的生活和事业，都是因为自己付出了太多。

她能过上与自己能力相匹配的生活，都是应该的。

其实我们所有人都是如此，我们可以灰头土脸地过一辈子，也可以选择不断地成长。什么时候，你不再给自己找借口，不再把不如意归结到他人身上，不再到处求认同，凡事愿意从自己身上找原因，你离想要的生活，就不远了。

记住，每个姑娘都将过上与自己付出相匹配的生活。

你交往的好友，决定你的眼界

优秀的人就像一团光芒，你和他们待久了，你就再也不想回到平庸和黑暗。你只会努力改造自己，一步步追上他。就算不能同样光芒万丈，也要活出不同模样。

一个人能够走多远，关键是看和谁同行，他们是你看得见的压力和高度，也是一条来渡你的河。

在微博上看见过一个问题：“和有双博士学位，精通 4 门外语的人做同事，是种怎样的体验？”

我在下面回复说：“大概就像是人生的路上突然多了一盏指引方向的明灯，指引自己努力奔向她们的方向。”

如果你和一个三观不正的人，日日相处，你会很累，你的原则和底线会被破坏，你甚至要被他们拖入万劫不复的境地。

相反，优秀的人就像一团光芒，你和他们待久了，你就再也不想回到平庸和黑暗。你只会努力改造自己，一步步追上他。就算不能同样光芒万丈，也要活出不同模样。

一个人能够走多远，关键是看和谁同行，他们是你看得见的压力和高度，也是一条来渡你的河。

总有人问我：“年轻时，做什么事情，能在十年后受益匪浅，将来的你，会感谢现在的自己？”

我说：“一件是读书，另一件是和能给你积极力量的人做朋友。”

杨澜也说过：“到了二十几岁后，就要有目的性的去选择朋友。自私一点的说，要多交一些对自己有帮助的朋友，你可以从他们的身上学到东西。”

女人的二十几岁的时光，会决定她们的事业、爱情、家庭，甚至整个世界。所以在这个时候，你结交的朋友，会悄然影响你的三观，会把你往不同的道路上牵引。

所以，在二十几岁的时候，请你一定选择和“积极型”人格的姑娘做朋友。几年前，我刚毕业的时候，单位派我去北京参加一个行业论坛。在论坛上，我和北京电视台的一位著名主持人分在同一个讨论组。更巧的是，我们还抽到了同一个讨论的议题，主办方让我做她的演讲助手。

要和那么优秀的人面对面交流，我有些紧张。在宾馆的房间里，我在内心一遍遍的排练，怎样去见她才能得体又不显尴尬。

结果会议的第一天中午，她却来找我了。拿了厚厚的一叠资料，甚至还带了一壶好茶。她谦虚地和我讨论要演讲的话题。交谈间，不经意的，把我杯子里的茶水倒满。突然间，我就知道了什么叫风度，什么叫尊重和深刻。

你生命中遇到的一些人，总能深入骨髓的去影响你，让你变得美好又笃定。

社会学上，有个广为人知的“决定理论”，其大概内容是，一个人的成就和层次，等于你最常接触五个人的平均值。

这句话一点儿也不错，你身边人的层次，悄无声息中塑造了你的层次。你身边人的习惯和性格，会内化为你的血与肉。你看到的世界，和形形色色的人，影响了你的视野和格局。

这就是，二十几岁你和什么人交往的意义与重要性。

昨天晚上睡觉前，我看到学姐发了条看书写论文的朋友圈，没有抱怨一句生活，也没诉苦说自己那么晚了还在熬夜，她只淡淡地说了一句：“今天晚上是这么过的，只求明天论文能通过。”还配上几个加油的表情。

我每次看学姐的朋友圈都很受鼓舞，她的朋友圈里没有抱怨，没有负能量，只有记录在平实朴素语言里的美好生活。看她的朋友圈总会让我相信，为自己梦想而坚持，也是一件很酷的事。

闺密在微信上给我发了一张照片，内容是她从超市买回的食材，里面有枸杞、红枣、核桃，还有些蔬菜和水果。闺密配文说：“中年女人的标配生活。”

她跟我说，常喝红糖姜茶不仅对身体好，还美容养颜，每天把红糖和姜丝煮开，随喝随取很方便。

我开玩笑跟她说：“每次看你这么认真的对待生活，把自己的日常过得那么如诗如画，我都有种负罪感，和你比较起来，我过得实在太粗糙了，我必须给生活添点仪式感呀。”

她安慰我说：“你现在有更重要的事情忙，等你忙完这一阵，我们就一起过如诗如画的生活。”然后，她鼓励我要加油，要调整好心态，要懂得宽慰自己。

和她做朋友之后，我发觉生活远远没我们以为的那么复杂，和积极的人做朋友很重要。

和优秀的人做朋友，她们会让你看到生活的内容，她们身上有一种不服输的力量。跟她们在一起，总会忍不住也想让自己活得美好起来。

你有没有发现，当代职场人很焦虑。我们作为一名平凡普通的职场人，看着别人一个个发展的那么好，生怕被落下太多，焦虑的想着“我要怎么样才能再进步一点”？

有段时间我一天里的大部分时间都活在焦虑之中，焦虑自己进步太慢，恨不得一睁眼自己就蜕变成另一番模样。

因为焦虑，害怕错过各种机会，结果反而仓促做了很多错误决定。因为焦虑我失眠了整整两周，整个人的状态糟糕透了。因为缺觉，脑袋混沌，思维也不清晰，于是越是着急，就越是力不从心。

后来，我跟一位学姐聊天，我主动把最近的状态都跟她说了，希望她能给我一些指点。

她问我：“你才二十几岁，为什么要把自己逼到这个程度？”

我回答：“大概是害怕来不及，听多了别人的励志故事，总觉得自己的人生有些平凡，于是迫不及待希望自己能挤进那些优秀人物的世界。”

她没有跟我讲成功人士的励志故事，只是用平淡的语气，告诉我努力也可以不那么着急。她说：“到远地方去不是一朝一夕的事，重要的是静下来找回初心，一步步慢慢前行。”

她说，我们共同认识的那些很厉害的学长学姐，对人生也有不确定的时候，但他们很少着急。

我们对未来的不确定，其实都来源于对自己的不自信，不相信自己能够成功，不确定自己能走到哪个高度。既然如此不如从这一刻起，一点点去努力，不要看还剩下多少路，只看已经走了多少步。

人不能横向和别人比较，那样只会越比较越焦虑。我们应该纵向比较，用自己的现在和过去比较，就会发现自己已经很坚定的往自己想要的地方靠近了，哪怕如蜗牛般缓慢，但未来也并不算遥远。

不过，有一点不可否认，你和什么样的人在一起，就会拥有什么样的人生。

一个人的三观如何，一般说来，一半来自他汲取的知识与接触的环境，另一半则来自家庭与朋友。然而更多时候，后者更具有直接引导作用。

我们这个年纪，每天接触最多的可能就是同龄人朋友，而能影响到我们三观的也恰恰是她们。一生中，我们会遇到很多不同的人，久而久之，你会发现那些整天抱怨的人一直止步不前，但那些对生活充满希望的人会过得越来越好。

我的朋友闹闹每天说得最多的词就是“唉”，时间久了，闹闹身边的人也都养成了叹气的习惯，遇到困难不去想怎样解决，反而叹息自己运气不好。负能量就像是一个装满毒气的罐子，一点点侵蚀你周围的人和生活。

同样，正能量也是会传染的，会让我们在这个并不会一直一帆风顺的小日子里看到希望的光芒。如果你的朋友们能给你带来正能量，请一定要好好珍惜他们啊！

我们也许无法选择自己的生活，但能选择一起生活的朋友。

余生很长，愿你一开始，就靠近那些正能量的人。

人脉交情都是麻烦出来的

生活当中，我们总是免不了跟人接触、交往，亲戚、朋友、爱人，在共同分担彼此心事的时候发现快乐，在互相帮助中成长，在彼此麻烦中建立更深的情感。

周一我刚进办公室就发现穗穗气鼓鼓地坐在电脑前，拿着一份文件不住地叹气，询问之下才知道，原来刚刚的晨会上，她被经理点名批评了。

我问她原因，她摇了摇手里那份文件说："周五的时候，经理要我安排一个人，把这三年的固定客户资料整理出来，结果当时我忙着做一份策划方案，于是就耽搁了一下，今天刚上班经理找我要资料，我哪里给的出来，就被批评了。"

然后穗穗还向我解释："当时他也没说这份资料要这么急，我本来想着把手上这几份策划方案写完后就开始整理的，结果还是晚了。”

我问，既然当时交代她，让她把工作安排下去就行，为什么到最后这份工作还是留在了她手上。

穗穗皱皱眉头说：“我不好意思麻烦别人，感觉像是自己在故意推脱工作。”

我却并不这么理解，每个人的精力有限，既然可以让下属去完成的简单工作，为什么还要占用自己的宝贵时间？

当领导要求下属完成一份工作时，下属可以在第一时间里反馈给他自己的时间进度，若没有否定，领导便会认为你对这份工作安排没有问题。同样的道理，穗穗完全可以把这份简单的工作安排给下属完成，若对方时间有问题自然会请穗穗进行一番调整，而不是穗穗这样自己猜测别人的反应。

如果自己时间充裕还好，但若是像穗穗这样，因为不愿麻烦下属导致工作完成不及时，反而会耽搁更重要的事情。

前几天办公室的一位姑娘过来问我：“李姐，你说穗穗是不是对我有什么意见？”

我很纳闷问她怎么了？姑娘说，昨天中午下班经过穗穗办公桌的时候，见她还在忙，于是就问需不需要帮她带外卖回来？穗穗回答说不用了，她中午要和朋友一起吃饭。姑娘就自己走了，结果姑娘在楼下米线店吃饭的时候，正好见穗穗一个人来店里订外卖，等发现彼此的时候都有些尴尬。

我笑着安慰姑娘：“大概是她不想太麻烦你吧。”

姑娘笑笑：“这样的情况不是一次两次了，有时候我见她抱着文件不方便，起身要帮她开门，结果她大步跑过来，文件都掉了还一再对我说‘自己可以’，我去接咖啡问用不用给她带一杯，她也都是拒绝。这些其实都是职场上很小的事情，但积累久了，总觉得她是对我有意见。”

我对她说：“穗穗就是太害怕麻烦别人了。”

不仅是在职场上，在生活中，穗穗也总是害怕去麻烦别人。

她每次点餐时，一定会选择正常的套餐，不会有任何的其他要求，如果想要换掉套餐里的固定搭配，她会选择另外去点。有时候甚至多要一袋番茄酱，都会觉得不好意思。我问她为什么啊，她说：“那样会不会太麻烦人家了。”

穗穗以为自己这样是为了不给别人造成困扰，结果反而和朋友越来越疏远了。

在当代年轻人的世界里，有一种说法是，欠什么都不要欠人情。因为任何债务都有还清的可能，唯有人情债，越还越会纠缠其中。于是不少人奉行“独善其身”。她们相信，无论在物质层面还是精神层面，能够“自给自足”的人才是强大的。

穗穗是这个观点的忠实拥护者，而且她所谓的人情债里竟然还包括了父母亲情。

穗穗本来一个人租住在市中心的一栋公寓里，每周会请一次家政过来打扫一下房间。过了年后，穗穗的妈妈正式退休了，人也闲了下来，于是她向穗穗提议，以后别再请家政了，她没事的时候就会过来帮忙做饭、打扫。

结果穗穗很坚决地拒绝了，她说自己宁愿每个月多花几百块钱，也不愿意麻烦妈妈来照顾自己。

我们都很不理解，然后她解释说："请家政虽然每次都要付工资，但两人是雇佣关系，我提出要求，对方完成工作。彼此尊重对方的生活和自由，两人心里都很坦然。但如果妈妈过来，表面上看，我是省下了几千块钱，但事实上要付出的东西更多。比如妈妈对我的唠叨，对我生活的种种干涉，因为她不收钱，所以无论妈妈做得好不好，我都得心怀感激而不能有任何挑剔，否则就是不孝。"

我们感叹穗穗这一番新奇言论，表面上看起来很对。事实上，穗穗没想过，即使阿姨不过来照顾她，依然有评价她生活的权利，因为她们之间的亲情是不能用价值来衡量的。

其实，生活当中，我们总是免不了跟人接触、交往，亲戚、朋友、爱人，在共同分担彼此心事的时候发现快乐，在互相帮助中成长，在彼此麻烦中建立更深的情感。

瑞瑞是一个活泼开朗的女孩子，在我看来她是很喜欢去麻烦别人，也经常被人麻烦。在办公室的时候经常会听到她说，"你下午回家能不能捎我到地铁站？"或者"能不能帮我接杯咖啡？""回来的时候帮我带份外卖"，而别人也很乐于帮助她，并且有什么事也会找她帮忙。

我曾经问她："你难道不觉得找别人帮忙别人会觉得麻烦，或者别人让你帮忙的时候，你会觉得麻烦？"

她说："并不会呀，因为我在帮助别人的时候会开心别人能想到我，那如果我让别人帮助我，他们也会觉得被重视，来往多了自然关系就更亲近了。"

总是有一些人，会在这样的人际交往中存在困惑，每次需要别人帮忙的时候，觉得要纠结很长时间，可能是怕别人觉得麻烦，也可能是怕别人拒绝，所以还是不想去麻烦别人了。

所以，我们为什么总是害怕去麻烦别人呢？

原因或许有三：比如求助时的羞耻感，受到帮助后的亏欠感，以及害怕被拒绝。

潜意识里，我们怕跟人发生更深层次的关系，怕让人看见自己的无力和软弱之处。这种不安感，会让我们无法开口说出“请帮我一个忙”，甚至害怕自己对别人造成困扰。所以在提出想法的时候总是会战战兢兢，甚至在别人主动提出帮助的时候，会感到恐惧、紧张和焦虑。

另一方面，不给别人添麻烦的反面，是别人最好也不要给我添麻烦。这种“怕麻烦别人”其实透露出的是人际关系的疏离。

我身边总有一些这样的姑娘，去理发店洗头发时，不敢和店员说水有些冷；结账的时候怕排队的人久等，于是提前把钱算好整理出来。她们不轻易表露自己的悲哀，并不是因为有多么坚强，而是害怕表露出悲哀后让别人担忧和牵挂。甚至如果有谁过来安慰自己，她首先想到的不是感动，而是焦虑，不知道自己应该怎样回馈这份安慰。

若是生活中遇到邻居见面问她“谈恋爱了吗？”“最近工作怎么样呀？”不会觉得这是对方表达关心的一种方式，反而会多想别人是不是希望从自己身上获取什么。她们始终活在狭小的圈子里，维持有限的见识。

有时候这些姑娘因为不愿向别人求助，于是明明很简单的事情，最后不得不放弃。

我们倡导好姑娘应该独立，但这种独立并不是指一个人在战场厮杀，更不是生活在自己安全的精神世界里，拒绝别人的好意。

独立应该是以包容、开放的心态去接纳外界种种，建立起与世界的联系，同时保持精神上的平等和灵魂上的不谄媚。

一味地依赖别人，像寄生虫靠别人生活的确很让人讨厌，但生活中适度的依赖反而会让感情更容易亲近。

和朋友一起唱歌时，一位姑娘心血来潮问我们“什么是朋友”？

我们几人相互看了一眼后说：“朋友就是在你需要帮助的时候，能毫不犹豫地拨通她的电话，说出自己困难的人。”

朋友是互相麻烦出来的，今天我帮你看一份文件，明天你帮我下楼带一份外卖。情感就是在这样互相麻烦中产生的。相反，若总是疏离别人，拒绝别人的帮忙，那你的人际关系是肤浅而公式化的。

要知道，一个人可以做成一些事，但是很少能够做成一些大事。我们需要的是主动走出去，大胆寻求帮助，建立起关联，从而实现更大的愿景。

优秀的姑娘从不因诋毁而消沉

人无完人，你不可能让自己获得任何人的满意，尤其是现在通讯工具的发达，每个人看到的人其实都是片面化的，所以有人鲜花锦簇的赞美，就一定有人唇枪舌剑的诋毁。你也没办法讨好每一个人，能做的只是淬炼心智，以波澜不惊的心态去迎接那些不以意志为转移的胡言乱语。

我的堂妹上个月从国企辞职这件事在家族群里迅速扩散开来。小婶给我打电话说："你劝劝她，都工作5年了，年前刚提拔成部门主任，现在辞职又是为什么？"

我给堂妹打了电话才知道，上个月她因为一时冲动和同事大吵了一架，第二天就英勇地写了辞职信。

当时她刚升职不久，两位同事在茶水间交头接耳议论她，猜测她上位是靠关系，甚至有可能是潜规则上位。她止好到茶水间接水，听到这样的污蔑，当场就闹了起来，抄起手上的水杯就泼了两位同事一脸。接着三个人纠缠在一起毫无形象可言地打了一仗，连高层领导都惊动了。最后以堂妹提交辞职信为剧终。

堂妹后悔不已，她说当时一时爽，觉得自己是捍卫尊严的英雄。现在辞职在家，老公一个人挣钱，生活品质急速下降。婆婆也嫌弃她辞职当家庭主妇，经常含沙射影地嘲讽自己，偏偏不赚钱的自己英雄气短，敢怒不敢言。她现在冷静下来，痛恨自己当时沉不住气，中了那两个坏人的圈套。

我说："其实不是那些人坏，而是你的情商太低。因为别人的诋毁而生气去做傻事，是没价值的行为。"

堂妹在那头不停地抱怨："下一份工作我得好好挑，有这种长舌妇在的单位，坚决不考虑！"

我却觉得她最应该学习的是控制自己的情绪，一个人若是连自己的情绪都控制不住，因为被别人的坏话引诱冲动行事，那简直就是职场上的隐形炸弹。

其实堂妹一直很容易受别人的坏话影响，还记得年前的时候，她跟闺密们一起去海南旅游。出发前那几位闺密对堂妹说："你旅行次数多，辛苦你来做旅行攻略吧。"

为了不负闺密们的厚望，堂妹在各个网站上查当地著名景点，查特色美食，翻地图做笔记，希望能有一场愉快的旅行。结果到了海南，同行的其他小姑娘偷偷吐槽堂妹的行程安排。

一会儿说堂妹订的酒店不好，一会儿说某个景点根本就没必要去，一会儿说堂妹推荐的美食根本不好吃。甚至有一位小姑娘说怀疑堂妹借着做攻略这件事中饱私囊。当时她们几人为了方便，旅行中所有的花费都是堂妹记在一个总账单上，旅行结束后几人再均摊。结果这些话不知是怎么传到堂妹耳朵里的，她为这件事郁闷了很久。

堂妹不解："为什么现在人都这么虚伪，当面和你谈笑风声，背后却放冷箭。"

我劝她："不如当做从没听过那些诋毁，做好自己的本职工作。"

结果堂妹不以为然："背后被人议论还不敢反驳，那不就成了面团子任人拿捏了？"

其实我年少气盛的时候，若是发现谁在背后说自己坏话，恨不得立刻找当事人对质，严重时更要像堂妹这样大闹一场，结果弄得彼此都很尴尬。

在职场上历练多了才发现，这样的冲动行事才是最笨的解决方法。因为别人背后的诋毁而生气，把自己变成一只斗公鸡的模样，自以为是维护了自己的尊严，其实反而让别人看到了自己的蠢样子。甚至有时候自己的怒火冲天不仅惩罚不了始作俑者，还留下"一地鸡毛"让自己陷入更尴尬的处境。

范冰冰说："别低头，皇冠会掉。"这是一种强人哲学。

我一直认为那些听到别人诋毁还能表现出云淡风轻的姑娘，最值得敬佩。

袁枚大学毕业后在当地电视台上班，半年后台里新开了一档综艺节目，节目编导问袁枚愿不愿意做这档节目的主持人，袁枚欣喜若狂地答应了。

结果节目播出第一天，就有观众打电话到台里，希望能把袁枚这位主持人换掉，甚至有人希望电视台能辞掉她。她很难过，觉得自己已经那么努力了，为什么大家还要那么刻薄。她哭了一晚，但第二天又化着精致妆容、精神抖擞地来到了电视台，像是什么也没发生过一样。不仅如此，下午开会的时候，她还拿出了新的方案，她说既然观众对这档节目有这么高的期望值，不如每期节目邀请一些观众到现场吐槽，可以吐槽主持人，也可以吐槽话题。

这个方案很顺利就通过了，后来她把这档节目变成了电视台的特色，她做主持人也做了七年。从最初面对被诋毁到后来获得最受观众喜欢的主持人称号，她始终一笑置之。

台长说，袁枚能成功是有原因的，不仅因为她有较强的专业素养，还因为她懂得“沉默是金”，这种沉默是从骨子里流露出的高贵。

你喜欢我我很开心，你骂我我也无所谓，那些流言蜚语她不解释也不反驳。我曾经很好奇问过袁枚，难道听到那些诋毁的语言，真的不生气吗？

袁枚回答：“最初的时候也会有心情恶劣想吵架的冲动，但自己都会选择到一处无人的角落静一静，后来时间久了，无论是赞美还是诋毁听得多了，也就练成了波澜不惊的本事。”

现在袁枚即使面对最难搞的嘉宾，也能云淡风轻的把台本对好，情绪永远温和，这样的人简直就是职场上的“贵族”。

钱钟书先生曾对他妻子杨绛说：“那些八面玲珑，善于交际的人也会被人说坏话，所以像我们这种不善应酬的人被人误会，那也很正常吧。既然无论怎样都会被说，那还不如做回自己。”

人无完人，你不可能获得所有人的满意，尤其是现在通讯工具的发达，让大众看到的每个人都是片面化的，所以有人鲜花锦簇的赞美，就一定有人唇枪舌剑的诋毁。你也没办法讨好每一个人，能做的只是淬炼心智，以波澜不惊的心态去迎接那些不以意志为转移的胡言乱语。

被人诋毁并不可怕，可怕的是因为别人的诋毁而让自己在持续的愤怒和难过中消耗青春。

真正高情商的姑娘不会因为别人的诋毁而消沉，反而会在诋毁中越战越勇。她们把那些诋毁变成脚下的台阶，成就内心无比强大的自己。

遇见陌生人，不要吝啬你的善意

如果你感受到了这些来自陌生人的善意，请你回馈给身边的人。这份美好的善意就像是弹力球，你把它打出来，接球的人就会再把它打回去，重新回到你手上。

晚上下班走出单位大门，远远就看到在街角公园靠墙的位置坐着一位拉二胡乞讨的老人，他前面摆着一个不锈钢饭盆，盆下压着一张写着“好人平安”的红纸。

他二胡拉得特别好听，于是我特地绕弯从他跟前路过，快到他身边的时候我瞅了一眼，可这一眼我便被震惊到了，他满是皱纹的脸上有两条手指粗的伤疤，从额头一直延伸到下巴，他没有嘴唇，半个牙床裸露在外面，形象有些吓人。

他旁边还摆了一块纸板，上面写着他可怜的遭遇。原来他年轻时曾遇到了狼，虽然最后逃脱了，但嘴唇被吃掉了，脸上也留下了恐怖的伤疤。他穿着一件看不出颜色的破棉袄，从破洞里能看到黑色的棉絮。

我知道他一定是因为生活过不下去了，才选择在四九天里乞讨，那一刻我特别想立马拿出钱来放到盆里，但我身上并没有装钱。我也想过和周围的路人求助，但我害怕别人说我矫情。

最终我什么都没给他就离开了，那天晚上下了雪，我一直在想那位老人有没有找个避风的地方躲雪，有没有回家？

我惊讶自己不知道从什么时候开始也变得冷漠起来。

以前的我总说，很佩服那些在街边卖唱的青年，因为他们有梦想，并能够不理会别人质疑的眼光去努力追寻；以前的我，每次都会把身上的钱拿给路边乞讨的人；以前的我，在车站等车时遇到乞讨的残疾人，会专门从附近买了包子送给他们。

可是渐渐地，我变得冷漠，遇到街头乞讨的人，第一反应不再是帮助他们，而是在心里质疑，质疑他们是不是职业乞丐，质疑他们的残疾是不是伪装的。

但世界上哪有那么多坏人，哪有那么多骗子，也许他们都是为生活迫不得已。

后来我把这件事讲给单位的同事听，有一位姑娘和我说："还好你没给他钱，现在很多都是骗子，我曾亲眼见过一个人把自己的一条腿塞进一个道具里，佯装成残疾人博取大家的同情心。"

其他同事也纷纷附和，说现在骗子太多了，说她们也常常会在车站遇到一些人请求自己给几元钱买车票回家，但过了几天后，那些人依然在用同样的借口来要钱。

唯独阿梅不赞成这个观点，阿梅说，她宁愿相信这个世界上还是好人多。

她说自己大学实习的时候，有一次从公司回学校，车子快到站的时候下起暴雨，公交车站与学校之间步行还有十分钟左右的路程，当时自己没带伞，一下车就被淋湿了。在她冒雨往学校跑的时候，有辆车停在她身边，男司机很热情地说要送自己回去。

当时已经是晚上八点了，加上暴雨路上没有其他行人，阿梅当时特害怕，曾经看过的各种法制节目在她脑中一遍遍循环，于是她继续往前跑，那辆车就在身后为自己打着车灯。直到她跑进了学校，那辆车才加速离开，那一刻阿梅觉得自己感受到了来自陌生人的善意。

生活中我们其实都曾见过这样的帮助，有时只是你的举手之劳，但对于被帮助的人来说，却是一辈子的记忆。你永远不会知道，一个陌生人的善意，将会对一个濒临绝望的人带来多大的生活勇气。

其实我也曾在高铁站见过因为钱没带够而四处寻求帮助的陌生人，然后见到一位初中生模样的姑娘二话不说地借给她钱。

读高中的时候我们学校门口有一位卖烤冷面的姑娘，有一次我去买烤冷面的时候和她聊天，她问我是不是念高三，我说是呀，那位姑娘一面感叹高三生的辛苦，一面给我的那份多加了一根烤肠和一个鸡蛋。

她说读书辛苦，让我不要给自己太大压力。明明只是陌生人，我们之间也只有最世俗的金钱交易，但她那小小的举动却让我感觉到温暖。

坐公交车去火车站，人很多，因为学校是第一站所以我有座。第三站的时候上来一个大妈带着她的女儿，我起身准备让座，谁知大妈把我按住了，她说现在学生也很辛苦的，她们一会儿就到站了。尽管离家几千里，在这座陌生的城市里，我也遇到了陌生人的温暖。

初中时我骑自行车去买东西，谁知刚从超市出来就见小偷在偷我车子。我在后面追，他骑着我的自行车踩得飞快，大概追了300米左右，我准备放弃的时候，身边一位戴头盔骑摩托车的好心人，赶上去帮我把单车追回来了，而我还没来得及说一句"谢谢"，他已经默默地走了。

在网上总看到大家说现在整个社会的人都很冷漠，说大家对陌生人怀着各种敌意，但我却亲眼见到过一位女司机，开车慢慢跟在一名刚下晚自习骑车回家的学生后面，只因为那段路黑，她怕学生摔倒。

我在公交车上见过一位妈妈带着自己四五岁左右的儿子，小孩一直在说："妈妈，我好累，想坐着。"妈妈却说："你看叔叔阿姨们上了一天班，多累啊。你就站会儿，乖！"站了一小会儿之后，小孩还是坚持不住。妈妈随即蹲了下来，让孩子坐在了自己的腿上。当时就在想，这种家庭教育出来的孩子，肯定不会差。

这样的善意也许很不起眼，可能只是上电梯时别人帮你按的开门键，或许是下雨天别人给你撑的一把伞，也可能是你心灰意冷时陌生人的一个微笑。但即使这样的微小善意，也会成为绝望人心里的一道光。

晓晓刚来北京找工作的时候，没钱只能住青年旅馆，每晚上50元但只有一个床位。和她同室的是一位穿着普通的中年妇女。

她听说自己从河南一个农村过来，听别人说北京工作机会多，钱好赚，于是想来碰碰运气。

晓晓说之前从来不知道自己有低血糖，直到那天早上刚从床上站起来，眼前一黑心跳加速感觉自己要死了。

还是同屋的中年妇女从自己书包里拿出几块薄荷糖放到她嘴里，还一直在身边安慰她。临走时还从书包里拿出几颗熟鸡蛋给她，那位妇女还说："小姑娘要多吃饭呀，昨晚上就没见你吃东西，这不行的。"

晓晓说，那是她到北京收到的第一份来自陌生人的善意。

有一些人在等公交车的时候，看到公交站亭上贴了几张宣传单，一位五十岁左右的清洁工用沾过水的刷子在纸上刷了刷，然后再用手细心地撕。当她清理了几份广告之后，走到另一张纸跟前抬起手准备清理的时候，却放下了手里的工具，小心把那张纸的边缘重新粘贴了一下。

我很纳闷，走过去才发现，原来那是一张寻人启事，上面写着："×××，17 岁，女……"她是一名清洁工，也是一位母亲。于是她宁愿冒着被扣工资的风险，也想帮帮这位陌生的母亲。在她心里，这样的一张纸，就是一份希望。

曾有人拍过一段社会调查视频，拍摄者假扮成环卫工人，在中午的时候拿着一份冷饭到路边的小餐馆，请求店主帮忙热一下。

那些被求助者都选择了帮助，甚至有一位店主悄悄给环卫工人的饭盒里加了两份荷包蛋。后来那位店主接受采访，他只是说了一句："天气那么冷，大家都不容易。"

身边总有些姑娘喜欢在朋友圈发一些孤独的文字，抱怨世界没有对自己温柔以待。事实上若我们用心去感受这座城市的温度，就会发现，生活中，我们总会遇到来自陌生人的善意。比如当你问路时，怕你弄不清东南西北，于是换成左右前后的方法给你指路的叔叔阿姨；

比如公寓楼下的保安会在你深夜加班回来的时候，和你一起乘坐电梯；比如因为道路黑暗，司机在骑车的学生身后用车灯照亮他回家的路。

如果你感受到了这些来自陌生人的善意，请你回馈给身边的人。这份美好的善意就像是弹力球，你把它打出来，接球的人就会再把它打回去，重新回到你手上。即使是一道最微弱的光，我们也要把它洒向最需要温暖的地方。

好姑娘从来不喜欢抱怨

抱怨就像是人的一种本能，想把自己的辛苦说给别人听，以期待从别人那获取安慰和认同。但没有任何一种成功是通过抱怨达成的，我们更应该做的是藏起自己所有的辛苦，学着控制情绪，不让负能量打扰自己和别人的生活。

去年（2017 年）夏天，我被单位派去意大利参加一项为期两周的培训，来自各行各业的受训者同住一家酒店，同组的阿英和我来自同一座城市，她是一家国企的员工。

第一天培训结束后，我们小组几个人便约着一起去吃饭、看夜景。吃饭的餐厅在河岸边，时不时就能看到当地人撑着小船唱着歌从河那头划到另一头。

还没等我们对这惬意的人文环境发出一句赞叹，阿英就幽幽叹口气：“不就是一条小河吗？国内到处都有这样的木船，餐厅还这么贵，性价比真低。”

气氛一下子变得有些尴尬，我只好在一边打圆场：“其实我们AA下来，每个人也没多少钱，大家都好不容易来一次，总要尝一下这边的特色，欣赏一下异国风情。”

她看着我又是一声长叹：“你的薪水高当然就觉得这样的餐厅值得，但我们这种公司只是看着光鲜，薪酬水平完全不能和你们私企比较。你今年才26岁就被派来出国培训，我都32岁了，这次机会还是和老板撕破脸，和同事争得头破血流才抢来的。”

整整一顿饭的过程，都充斥着她的各种抱怨：同事靠关系进的单位；老板偏心；明明自己资历最深，却总是被年轻人压一头；领导的外甥在单位迟到早退几乎不上班，年终奖却领的最多；单位这几年效益不好，工资涨的速度跑不过通货膨胀；这个培训也没什么用，不过是外来的和尚好念经等等。

异国他乡，大家聚在一起吃的第一顿饭，结果变成了她的吐槽大会。

我和其他几个人交换了无奈的眼神，终于等到她说完职场上的种种不顺。我们以为话题能就此打住，却没想到她又开始抱怨自己的家庭和生活。

我问她：“既然这么不开心，你难道没想过改变一下吗？”

她发出一声嗤笑，说：“怎么变，现在大环境这么不好，各个行业都不景气，我离开这行也不知道自己还会什么，尤其女人到了我这个年纪，还得兼顾家庭和孩子，怎么可能再去尝试新环境？”

临走时，她还给自己的抱怨做了一场总结：“我所在的国企内核已经腐朽了，不过自己只是一只小虾米，做不了什么大菜，这辈子就这样在单位混过去就好了。”

回到酒店大家互换了微信，我们几个拉了个微信群，却都很默契的假装忘记了她，她明显感觉到了大家的疏远，培训过程中时不时吐槽我们几句“年轻气盛，不好相处”。

我们几个人都懒得解释，只要不用再听那些负能量的抱怨，被误解就误解吧。

不知道你有没有这样的同事或朋友，她们把你当作“最知心”的人，总是将生活工作中的一切不如意一股脑地讲给你听。而你只能微笑点头，时不时还得附和几句，如果你一旦表现出不赞同或者不耐烦，她们就会很委屈：“我把你当知心好友，和你说一些私密的话都不行吗？”

我之前认识的一位姑娘就是这样，当时我们共同负责一个新项目，从前期准备工作的琐碎，到甲方时不时提出的苛刻要求，再到老板一次次的催促，甚至中午加班吃的工作餐都能成为她喋喋不休抱怨的理由。

那天甲方要求第二天就要正式启动活动，而我们却发现有一个数据无论如何都不对，我们整个项目的人都在办公室加班，一次次去校对希望发现问题到底出在哪，本来就已经焦头烂额，她还在一旁哀声叹气：“甲方要求太苛刻了，活动准备时间那么短，怎么可能顺利完成。咱们老板也太抠门了，知道晚上加班，竟然没给我们订工作餐。”

项目组另一位姑娘终于火了，怼她：“你要是不想做可以先走，一直在不停地抱怨，真的很影响我们的心情和效率。”

结果她比那位姑娘还生气："我只是随便说上几句，你被影响只能说明你自己能力不够，轻易就被这些负面情绪控制了，你看我一直抱怨，该做的事情一点没少做呀。"

我们有时总会被一些负面情绪控制。被老板骂了，一整天都很憋屈，工作效率明显下降；和男朋友吵架了，整个人都心不在焉的；遇上堵车、飞机晚点，就特别焦躁，想静下心来做些什么，却发现根本静不下来。

心理学家丹尼尔·戈尔曼在一项研究中发现，生活中那些爱抱怨的姑娘，她们生活基本处于较低的水平。她们很少有人能够有效控制情绪，也不懂得自我调整去消化负面情绪。她们不知道抱怨是一切关系的杀手，也不能理解为何自己的坏情绪会让他人躲避与厌烦。

每个人无论在职场还是生活中都会遇见许多的困难，抱怨就像是人的一种本能，想把自己的辛苦说给别人听，以期待从别人那获取安慰和认同。

但没有任何一种成功是通过抱怨达成的，我们更应该做的是藏起自己所有的辛苦，学着控制情绪，不让负能量打扰自己和别人的生活。

不可否认，我们身边总有一些人永远在抱怨，永远不满意。她们对待生活就像个未成年的孩子，得不到重视会闹，不满足的时候会哭。甚至当你想劝她放弃那些无用的抱怨时，她们撇撇嘴告诉你"会哭的孩子有奶吃"。但她们往往忽略了，成年人的交往从来不是单方的索取与付出，而是互相成全。

当然还有一种姑娘，她们的抱怨并不是为了舒解内心的烦躁，而是为了达到某种目的。

和领导抱怨："我每天辛苦工作，常常加班到晚上十点，为什么薪水才涨那么一点？"

和同事抱怨："男朋友非要我下班和他一起看电影，你们可不可以帮我把这份报告复印一下，我早点下班？"

和朋友抱怨："我每天都那么忙了，你们就不能开车到单位接我一下吗？"

这种带有撒娇口吻的抱怨，并不只是为了倾诉情绪，而是带有极强的沟通目的。每一字每一句都在呐喊："能不能帮帮我？我想要……"可是说出的话却带着负能量，让人感觉到压抑和不愉快。

这世界上，没有谁有义务听你在生活负重下压抑的呻吟，也没有任何一种关系能够承受得了这样压抑的负重。

有姑娘对我说，其实她也不想像祥林嫂一样，一遍遍给别人说自己的痛苦，但是每次遇到让自己不开心的事情，就忍不住想找人聊一聊，弄得现在身边的朋友都不想搭理自己了。

我建议她尝试把注意力放在事情上，而不是情绪上。

其实很多时候，我们并不是因为某件事情想抱怨，而是因为事情不可控，导致内心产生对自我的质疑，然后引爆了坏情绪这枚炸弹。

比如，当甲方突然要求更改设计创意时，我们内心马上就会涌起一股火气，但真的不会修改吗？并不是，我们会以最快的速度完成客户的要求，我们生气的，只是因为事情超出自己预期，我们以为已经完成的工作实际上并未完成。

有时候我们犯了错，总是会说，"早知道怎么怎么就好了"，"要是我再小心点，事情就不会这样"，没完没了地自怨自艾，结果并没有发生什么改变。

还不如把抱怨的时间用来总结规律、形成经验。对于遗憾，要反思，而不是浪费时间去后悔。

优秀的姑娘为什么不抱怨？因为她们在开口抱怨之前，把“为什么”都改成了“我要”，我要再主动一点，争取下一次可以拿到这个项目，而不是只能暗戳戳地抱怨老板有眼无珠，为什么不把项目分给自己；我要考到某个职称，争取可以跳槽到最好的公司，而不用抱怨为什么自己求职失败，旧工作也一切不如意。

王小波说：“人的一切的痛苦，本质上都是对自己无能的愤怒。”

换句话说，人的一切抱怨其实都来源于自己的无能为力。抱怨是一种本能，微笑面对逆境，不去抱怨才是一种本事。

好姑娘从来不会在抱怨上浪费时间，而是会花工夫去培养自己的能力，解决掉让自己抱怨的难题。